"移动互联网+电商营销"
实战宝典系列

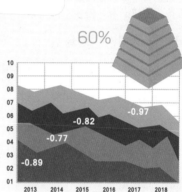

60%

一本书玩转
数据分析（第2版）

李军　编著

清华大学出版社
北京

内 容 简 介

本书是一本数据分析宝典，介绍了数据分析的各种方法，如七何分析法、演绎树分析法、金字塔原理、4P营销理论、SWOT分析法、比较分析法、平均分析法、分组分析法、立体分析法等，帮助读者快速从新手成为数据分析的高手。

全书共分为10章，内容包括走进数据分析的世界、落实数据分析操作、掌握数据整理的方法、掌握数据分析秘诀、为什么要运用数据分析、百度指数＋好搜指数＋站长工具＋京东商智、数据也要美美的、数据分析函数学习、与同行之间的角逐、利用数据实现营销目的。

本书结构清晰、语言简洁、图解丰富，适合5类人群阅读：一是初学数据分析的新手；二是从事数据相关行业的个人；三是有意向学习数据分析的白领阶层、工薪阶层、学生；四是希望通过数据分析"挖金"的个体老板、企业高管、政府媒体、网络数据分析师；五是新媒体或者自媒体平台从事运营的相关人员、网站运营人员。

图书在版编目(CIP)数据

一本书玩转数据分析/李军编著. —2版. —北京：清华大学出版社，2019
（"移动互联网+电商营销"实战宝典系列）
ISBN 978-7-302-53316-0

Ⅰ.①一…　Ⅱ.①李…　Ⅲ.①数据处理—基本知识　Ⅳ.①TP274

中国版本图书馆CIP数据核字(2019)第156835号

责任编辑：杨作梅
封面设计：杨玉兰
责任校对：周剑云
责任印制：杨　艳

出版发行：清华大学出版社
　　　　网　　　址：http://www.tup.com.cn, http://www.wqbook.com
　　　　地　　　址：北京清华大学学研大厦A座　　　　邮　　编：100084
　　　　社 总 机：010-62770175　　　　　　　　　　邮　　购：010-62786544
　　　　投稿与读者服务：010-62776969, c-service@tup.tsinghua.edu.cn
　　　　质量反馈：010-62772015, zhiliang@tup.tsinghua.edu.cn
印　装　者：涿州汇美亿浓印刷有限公司
经　　销：全国新华书店
开　　本：170mm×240mm　　印　张：16.5　　字　　数：262千字
版　　次：2017年1月第1版　2019年9月第2版　　印　次：2019年9月第1次印刷
定　　价：69.80元

产品编号：081709-01

前言

■ 写作驱动

在这个数据大爆炸的时代，数据分析越来越被人们所重视，企业对数据分析人才的需求逐渐显现，越来越多的人才也热衷于数据分析师这个行业。将枯燥的数据一层层剥开，将数据背后的"故事"展示在人们的面前，只要这些"故事"运用合适，定然能为营销者挖到"金桶"。

本书以数据分析为核心，讲述在互联网飞速发展的背景下，作为新媒体平台如何实现数据化运营，并从基础、技巧、实战三个方面分别讲述数据分析的基础知识、设计技巧以及各行各业的各类案例，配合全程图解，帮助读者玩转信息图表的制作。

■ 本书特色

本书主要特色是实战性、专业性、实用性，具体介绍如下。

- 图文结合，通俗易懂：本书通过理论与实际相结合，帮助读者了解数据分析的基本操作，并采用图解的方式进行分析，方便读者把握重点信息，快速了解核心知识，获得更好的阅读体验。
- 内容全面，技巧称王，专业性强：本书涵盖数据分析 3 类入门知识、4 种分析工具、7 个分析步骤、13 种数据整理的方法、16 种美化图表法、10 种数据分析法等精华，以及通过数据分析如何实现商业变现。
- 即学即用，实用性强：本书所用的数据分析实例素材，可直接应用，或者以这些实例为模板，稍作修改即可使用。

■ 适合人群

本书结构清晰、语言简洁、图解丰富，适合以下读者学习使用。

初学数据分析的新人。

从事数据分析相关行业的个人。

有意向学习数据分析的白领阶层、工薪阶层、学生。

希望通过数据分析"挖金"的个体老板、企业高管、政府媒体、网络数据分析师。

在新媒体或者自媒体平台从事运营的相关人员、网站运营人员等。

■ 作者信息

　　本书由李军编著，参与编写的人员还有刘倩等人，在此表示感谢。由于作者知识水平有限，书中难免有疏漏之处，恳请广大读者批评、指正。

编　者

目录

第1章 启蒙：走进数据分析的世界.....1

1.1 认清数据 2

  1.1.1 数据在说话 2

  1.1.2 数据在展现 4

  1.1.3 分析的价值 4

  1.1.4 数据分析的重要性 6

1.2 发展前景 6

  1.2.1 需要分析人才 6

  1.2.2 持续发展趋势 7

1.3 职业要求 9

  1.3.1 了解任职方向 9

  1.3.2 掌握分析方法 11

  1.3.3 使用分析工具 11

  1.3.4 拓展管理能力 12

  1.3.5 增强设计能力 12

  1.3.6 提高表达能力 13

  1.3.7 熟知企业业务 13

第2章 步骤：落实数据分析操作 15

2.1 操作步骤 16

  2.1.1 了解分析目的 16

  2.1.2 获取数据来源 16

  2.1.3 数据加工处理 20

  2.1.4 进行数据分析 20

  2.1.5 深入挖掘数据 22

  2.1.6 美化数据形式 22

  2.1.7 制作数据报告 24

2.2 操作误区 28

  2.2.1 脱离分析轨道 28

  2.2.2 忽视呈现效果 28

第3章 实操：掌握数据整理的方法 ...31

3.1 数据排序 32

  3.1.1 数据升序 32

  3.1.2 快速排序 32

  3.1.3 高级排序 34

  3.1.4 自定义排序 37

3.2 数据筛选 41

  3.2.1 单条件筛选 41

  3.2.2 多条件筛选 42

  3.2.3 高级筛选 45

  3.2.4 自定义筛选 47

  3.2.5 快速双筛选 49

  3.2.6 重复值筛选 51

3.3 数据汇总 54

  3.3.1 分类汇总 54

  3.3.2 汇总数据 54

  3.3.3 多字段汇总 56

第4章 方法：掌握数据分析秘诀 59

4.1 思维模式 60

  4.1.1 养成分析思维模式 60

  4.1.2 培养数据分析能力 61

4.1.3　打造创新性分析思维........63

4.2　摆正思路........................64

　4.2.1　七何分析法...................64

　4.2.2　演绎树分析法...............67

　4.2.3　PEST 分析法.................69

　4.2.4　金字塔原理...................71

　4.2.5　4P 营销理论..................73

　4.2.6　SWOT 分析法...............75

4.3　应用分析 77

　4.3.1　比较分析法...................77

　4.3.2　平均分析法...................80

　4.3.3　分组分析法...................82

　4.3.4　立体分析法...................85

第 5 章　运营：为什么要运用数据

　　　　分析........................89

5.1　数据化运营......................90

　5.1.1　为何分析数据...............90

　5.1.2　运营者实时关注数据........94

5.2　拉近距离........................98

　5.2.1　熟悉后台管理...............98

　5.2.2　快速了解客户..............105

　5.2.3　实现用户对接..............108

　5.2.4　直指客户要点..............109

　5.2.5　把握引流时机..............110

第 6 章　工具：百度指数 + 好搜指数 +

　　　　站长工具 + 京东商智...........113

6.1　百度指数......................114

　6.1.1　熟悉功能模块..............114

　6.1.2　了解操作步骤..............114

6.2　好搜指数......................118

　6.2.1　查看功能详情..............118

　6.2.2　了解分析步骤..............119

6.3　站长工具......................124

　6.3.1　掌握使用功能..............124

　6.3.2　了解操作步骤..............124

6.4　京东商智......................128

　6.4.1　商智概念解读..............128

　6.4.2　查看功能详情..............128

　6.4.3　了解实操步骤..............129

第 7 章　亮眼：数据也要美美的........137

7.1　图表概念......................138

　7.1.1　什么是图表..............138

　7.1.2　图表的作用..............139

　7.1.3　图表的类型.................139

7.2　美化表格......................141

　7.2.1　色阶........................141

　7.2.2　突出........................143

　7.2.3　数据条.....................145

　7.2.4　图标集.....................147

　7.2.5　迷你图.....................148

7.3　转换图形......................150

　7.3.1　条形图.....................150

　7.3.2　折线图.....................157

　7.3.3　平均线图..................162

　7.3.4　阶梯图.....................167

　7.3.5　饼图........................171

　7.3.6　重坐标图..................174

　7.3.7　圆珠图.....................177

　7.3.8　蜘蛛网图..................181

　7.3.9　温度计式图...............182

7.4　文本展示......................184

7.4.1 插入图片......184
7.4.2 SmartArt......186

第8章 扩展：数据分析函数学习 191

8.1 时间函数......192
8.1.1 组合日期......192
8.1.2 突出实时......194
8.1.3 推算工作日......195
8.1.4 提出月份......199
8.1.5 时分秒值......200

8.2 逻辑函数......200
8.2.1 IF......201
8.2.2 满足条件......202
8.2.3 参数求反......203
8.2.4 捕捉错误......205

8.3 求值函数......206
8.3.1 最大值......206
8.3.2 最小值......207
8.3.3 数据个数......208
8.3.4 不计空格......209
8.3.5 数据汇总......211
8.3.6 指定求和......211
8.3.7 平均值......213
8.3.8 乘积计算......215

8.4 处理错误......216
8.4.1 关于日期......216
8.4.2 关于公式......216
8.4.3 关于引用......217
8.4.4 关于参数......218
8.4.5 关于空白......219
8.4.6 寻找错误......219

第9章 竞争：与同行之间的角逐.....223

9.1 知己知彼......224
9.1.1 扩展战略......224
9.1.2 找准方向......225
9.1.3 了解对手......226

9.2 寻找数据......228
9.2.1 查看对手名称......228
9.2.2 成为对手用户......230
9.2.3 进入对手官网......231
9.2.4 查找招聘信息......233
9.2.5 运用分析平台......233

9.3 胜券在握......234
9.3.1 比较分析......234
9.3.2 波特分析......236

第10章 变现：利用数据实现营销 目的......239

10.1 营销的意义......240
10.1.1 带来商业利益......240
10.1.2 将数据与营销融合......241

10.2 营销过程......242
10.2.1 多方搜集数据......243
10.2.2 统计后台数据......245
10.2.3 进行数据分组......246
10.2.4 分析精准用户......247
10.2.5 得出分析结论......248
10.2.6 开展营销工作......249

10.3 营销目的......249
10.3.1 了解营销模式......250
10.3.2 掌握营销法则......252
10.3.3 实现商业变现......253

第 1 章

启蒙：走进数据分析的世界

在互联网普及的今天，已然是一个数据大爆炸时代，数据的应用非常广泛，数据同时也是企业创新产品与服务的思想源泉。例如，数据能让企业分析出自己的用户群体，数据能记录人们的生活轨迹，数据更能让我们的生活变得更美好。总之，数据分析是企业打开另外一个商业大门的钥匙。

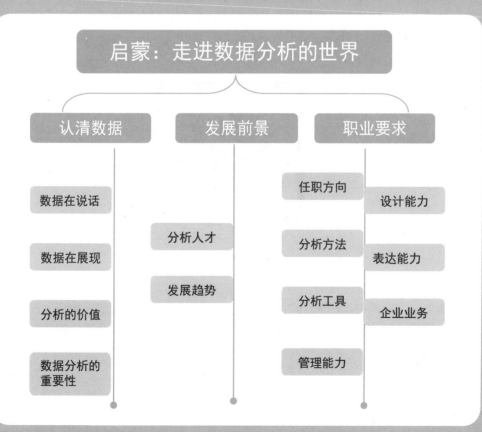

1.1　认清数据

对于数据，很多人很迷茫，认为数据只是单纯的数字，并不会给人们带来什么价值。这样的想法，是大错特错的。若数据没有价值，那沃尔玛是如何想出"啤酒＋尿布"的奇招，"魔镜"又是如何预知石油市场走向的呢？

如今有太多的案例，已证明数据分析的价值，只是有一部分人对数据分析还不够重视，没有很好地认识数据分析的价值，忽略了数据分析的意义。下面就进一步深挖数据，让人们通过"知数据的根，揭数据的谜"。

1.1.1　数据在说话

要想进入数据分析行业，就必须要知道数据能表达什么。"表达"的概念也许在一时之间不是很清晰，不过没有关系，数据是需要人们进行挖掘的、是需要"倾听者"的。

例如，一张生活照，若拍照的人没有说明照片背后的故事，那么人们定然不会知道其背后的含义，只会认为它是一张普通的照片。可是对于照片的主人来说，这张照片也许拥有某种特殊的意义。对于数据分析师来说，他可以从照片上看出主人公的性格、爱好，拍摄者的拍摄习惯等隐含的信息。

一般来说，数据是以数值体现出来的，可是随着时代的变迁，数据慢慢地得到了扩展，如图1-1所示。

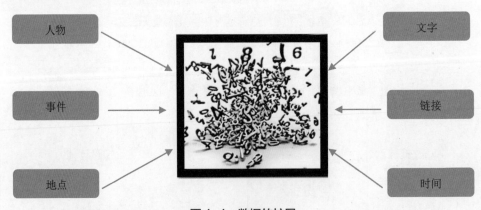

图1-1　数据的扩展

在生活中，形成连接时，将产生更多的数据，如图1-2所示。

例如，在社群中用户与用户之间的交流、用户与企业的交流、用户发布的信息、用户反馈的信息等，都可以成为企业分析用户行为习惯以及需求的数据。

用户与用户之间的连接，能产生数据，企业可以从中分析出用户的兴趣爱好、风俗习惯等。

设备与设备之间的连接，能产生数据，企业可以从中分析出哪些设备比较亲民、设备的优缺点等。

软件与软件之间的连接，能产生数据，企业可以从中分析出哪些软件被人们所喜爱等。

图1-2 从连接中产生数据

专家提醒

　　企业千万不要将数据弱化，认为数据只是一堆不切实际的数字，不然在这个数据大爆炸时代，企业的命运将会危在旦夕。企业需要聘用一些比较有能力的数据分析师，让他们与数据沟通，倾听数据中的故事，为企业带来红利。

1.1.2 数据在展现

世间万事万物皆有自己独有的特点，数据也不例外。下面介绍数据的 5 个特点，如图 1-3 所示。

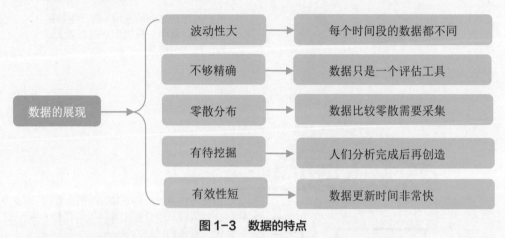

图 1-3 数据的特点

专家提醒

数据分析师在进行数据分析时，需要把握数据的特点，这样结论的实用价值就比较大。

1.1.3 分析的价值

对于电视剧来说，从数据中能分析出哪种影视题材的剧情容易引起人们的关注；对于服饰行业来说，从数据中能分析出哪种风格特点的衣服是人们所喜欢的；对于手机来说，从数据中能分析出人们比较喜欢用哪些手机功能。

由此可知，分析出来的数据，几乎是围绕"人"展开的，数据分析与日常生活相联系，是不可分割的，都是以满足人们的喜好、需求而进行的。但这只是一部分，数据分析的价值不止在于"人"，它还涉及其他方面。

例如，对于企业而言，可以通过数据分析现状，并进行有针对性的调整，如图 1-4 所示。

数据还会涉及产品从制作到发布的各个事项，如图 1-5 所示。

图1-4　分析企业现状

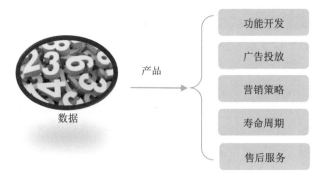

图1-5　分析产品涉及的事项

除此之外，数据还能面向多种决策功能，并有促进生产力、拓宽市场边界等的实用价值，如图1-6所示。

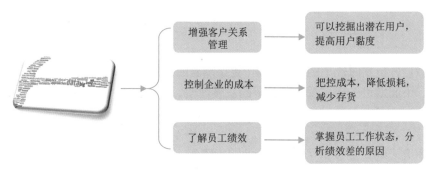

图1-6　数据分析涉及的决策事项

专家提醒

　　数据分析涉及面极其广阔，只要数据分析师耐心挖掘，定能通过数据得到意想不到的"商业法宝"。

1.1.4　数据分析的重要性

随着互联网的发展，数据慢慢展现出其价值，大数据爆发的时代让越来越多的人意识到了数据分析的重要性。例如，淘宝曾经推出的时光机服务，就是根据记录淘宝买家的消费记录、浏览记录、个人信息等数据，构成了一个"回忆消费网"，让淘宝买家从这些记录中，恢复自己的消费记忆，促使消费者继续消费。

时光机不仅给用户创造出温馨而美好的消费记忆，还能让企业得知消费者的消费习惯。从阿里巴巴集团在上海举行的 2018 "天猫双十一全球狂欢节"上所展现的数据来看，截至 11 月 12 日零点，天猫"双十一"的成交额超过 2135亿元人民币，战绩创历史新高。

下面就来进一步了解数据分析的重要性，如图 1-7 所示。

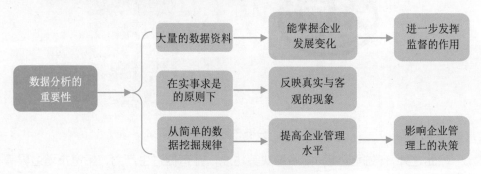

图 1-7　数据分析的重要性

1.2　发展前景

数据分析是时代下的潮流产物，更是随着时代的发展、变迁而蓬勃发展的"宝物"，下面就进一步了解数据分析的发展前景。

1.2.1　需要分析人才

研究表明，如今有 75% 的企业明确表示，数据分析是企业运营、产品生产等方面不可或缺的决策手段，并且会设立数据分析部门或者聘用数据分析方面的人才。因此，数据分析人才培养机构的规模越来越大。

这样的机构不仅有富有经验的数据分析师，分享自己的实战经验，还会在网络上提供付费教程，帮数据分析师开辟另外一条"挖金"之路。当然，这也更加方便那些对数据分析感兴趣、有需求的人群进行学习、理解、使用，久而久之，也就带动了数据分析行业的发展。

如今，像腾讯、知乎、搜狐等大规模的企业，不仅展现了对数据分析人才的

渴望，还对数据分析人才有较高的要求，如图 1-8 所示。

数据分析师	6001-8000元/月

南京　1-3年　本科　招1人

岗位职责：
1. 根据研发的要求，收集整理相关数据；
2. 以问题为导向，制定数据处理流程，并能配合团队设计数据分析与研究模型；
3. 独立编写程序，完成特定的数据分析任务，并形成分析报告；
4. 保持与不同业务团队的持续沟通，根据他们的需要，完善模型分析的流程与方法.参与工作流程与规范的制定；
5. 保持学习的热情，持续学习新的理论、方法与应用。

任职要求：
1. 全日制本科及以上学历，科学、工程与财经等相关专业优先；
2. 具有2年以上的数据建模与分析工作经验，对概率与统计学、计量经济学、机器学习、大数据分析中一个或多个领域的基本原理和主要方法有深入的理解；
3. 有扎实的金融学基础（或异能够通过自主学习，迅速获得相关知识），对各类数理模型、计算方法在金融与投资领域的应用抱有浓厚的兴趣，并愿意在此方向上做长期深入的钻研；
4. 熟练使用Matlab、Python、R等其中一款或多款软件进行数据分析，能够把专业领域（如统计、计量经济学、机器学习等）的理论模型用以编程软件实现，并用于特定金融问题的分析；
5. 学习能力出色，逻辑严谨，能够根据工作需要，持续不断学习掌握新的方法与技能；
6. 人品端正，谦虚好学，诚实敬业，具有良好的沟通能力和团队合作精神；
7. 具有数据库开发或者C\C++程序开发经验者优先。

图 1-8　某企业对数据分析人才的招聘要求

专家提醒

如今，数据分析工作岗位已被企业所看重，一个新行业的出现必将会带动一批新的就业岗位，目前世界 500 强企业中，有 90% 以上都建立了数据分析部门，由此可以看到数据分析的重要性，这是一个靠数据竞争的时代。

1.2.2　持续发展趋势

随着技术的发展，互联网的更新换代，数据的采集技术、存储技术、处理技术都得到足够广阔的发展，将数据分析的重要性提升了一个高度。

研究表明，2008—2013 年，人类行为所产生的数据量增长了 9 倍，而在接下来的 9 年中，将会达到 28 倍，可见数据的产生量是多么巨大。某软件巨头公司，曾预计到 2020 年，全球数据的使用量将达到大约 30ZB，可见人们对数据的需求是非常大的，这足以表明如今人们生活在数据的庇护下，实现了一个循环，即"生产数据，运用数据"。

随着大数据时代的到来，企业对数据分析的需求大幅上升，需要借助数据分析专业服务机构的服务，进行有效的数据分析，如图 1-9 所示。

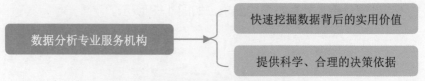

图 1-9　数据分析专业服务机构的作用

随着移动端的发展，移动支付、LBS(Location-Based Service) 位置服务等技术的崛起，数据呈现出"非结构化"，而这种"非结构化"的数据，只要加以分析，即可为企业的商业模式和营销模式带来新的机会，如图 1-10 所示。

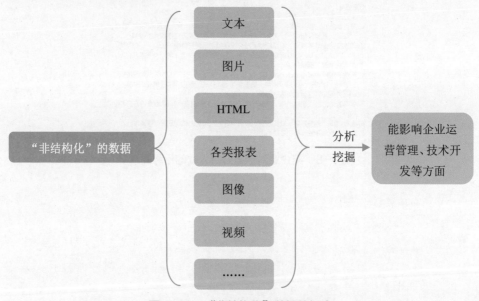

图 1-10　"非结构化"数据的概念

　专家提醒

　　结构化的数据，一般是由数字表达出来的信息，方便用计算机和数据库技术进行计算、处理，它具有业务洞察力，能影响企业老板和运营者在业务方面的决策。而对于非结构化的数据，是难以量化的，并且形式多样。

"非结构化"数据具有 4 大作用，如图 1-11 所示。

如今数据分析技术正在不断更新，能促使企业在某些决策方面，做到科学务实、脚踏实地，帮助企业做出理性、正确的决策。

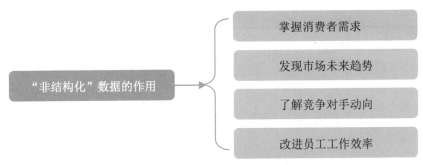

图 1-11 "非结构化"数据的作用

随着企业对数据分析服务需求的不断增多，必然会促进专业数据分析机构提升行业经验、专业能力和服务水平，从而进一步增强数据分析师的技术水平，与数据分析的实用价值。

1.3 职业要求

随着数据分析的发展，数据分析职业的前景也越来越广阔，下面就来介绍数据分析师的职业要求。

1.3.1 了解任职方向

一般来说，数据分析师的发展方向有 3 种，包括企业、数据分析机构以及政府，其中企业是最需要数据分析人才的。

从调查显示看，我国数据分析的人才缺口大多集中在北京、上海、深圳等一线城市，很多企业都设有专门的数据分析岗位，如中国移动、腾讯、联想等企业。

不同的企业会有不同的关于数据分析职位，下面大致介绍数据分析的常见任职岗位，如表 1-1 所示。

表 1-1 企业中数据分析常见任职岗位

职 位	要 求
初级数据分析师	掌握数据库知识和基本的统计分析知识，掌握 Excel 软件，具有良好的 PPT 展示能力，具有较强的逻辑思维能力等
中级数据分析师	除了具有初级数据分析师的能力之外，还需要具备商业意识等
高级数据分析师	除了具有中级数据分析师的能力之外，还需要善于总结、快速响应问题、进行数据挖掘工作等
数据分析员	处理公司日常数据的基础工作，需要知道数据的存储与运算、报表的管理、分析报告的制作、有良好的沟通能力等

续表

职　位	要　求
数据分析工程师	需要知晓数据分析与挖掘的理论知识，掌握统计分析工具的应用，具有编程开发与编写数据结构算法的能力等
客户分析专员	专门分析、管理客户服务，一般需要掌握客服管理知识、用户行为分析法、数据分析基础知识等

专家提醒

　　要在企业中胜任数据分析师的工作，需要具备以下4个方面的条件：

- 自己够专业，数据分析基础知识够牢固。
- 具有丰富的运营管理经验和较强的管理能力。
- 看企业领导是否重视数据分析。
- 是否能及时得到需要的资料。

　　在现实生活中，有一些小规模的公司，会选择第三方数据研究机构，进行数据的分析，例如市场研究公司、咨询公司、艾瑞等，数据分析师可以到这类研究机构中进行工作。

　　除此之外，政府部门也是需要数据分析人才的，政府部门通过数据分析可以进行科学研究、国情的调整、居民生活消费把控等。一般来说，设有数据分析职位的政府部门有两类，如图1-12所示。

图1-12　政府需要数据分析师的部门

专家提醒

　　不管哪种数据分析职位，数据分析师都要有扎实的数据分析基础知识，多扩展一些数据分析方面的知识，多积累经验，让自己变得更有价值。只有掌握了足够的经验和知识，才能掌握自己的职业前途。

1.3.2 掌握分析方法

在应聘数据分析师时，大多数都会被问道："你会几种数据分析方法？分别能用来做什么？"由此可知，数据分析师的职业要求中，定然包括数据分析方法的使用。

数据分析师只有熟用数据分析方法，才能面对一堆碎片化的数据，快速地进行数据分析工作，有效地将数据背后所隐藏的"故事"挖掘出来，将数据价值最大化，帮助企业运营。一般常见的数据分析方法有 12 种，如表 1-2 所示。

表 1-2　常见数据分析方法

基础数据分析方法	高级数据分析方法
比较分析法	回归分析
平均分析法	相关分析
分组分析法	聚类分析
立体分析法	假设检验
结构分析法	因子分析
金字塔原理	对应分析

1.3.3 使用分析工具

数据分析师面对庞大的数据时，不可能把数据一一记录在纸上并利用计算器进行计算。挖掘数据背后的"故事"，还需要借助数据分析工具进行高效的、实用的数据分析操作，才能达到事半功倍的效果。

专家提醒

对于初学者来说，Excel 数据分析工具是最适合使用的，它容易上手，且操作步骤不是很复杂，也是最基本、较全面的数据分析工具。

下面笔者就从 4 个方面进行解读，帮助大家进一步了解数据分析工具，如表 1-3 所示。

表 1-3　数据分析工具

数据储存安全	制作数据报表	常用数据分析	数据美化展示
MySQL	Tableau	Excel	R
LANguard	FineReport	SAS	Gephi
Microsoft Office Access	Style Report	SPSS	PowerPoint

1.3.4 拓展管理能力

只有具备较强逻辑思维的人才，才能轻松地适应并胜任数据分析的工作，一般数据分析师在确定分析思路时，还要借助管理学的知识，从而拓宽分析思路，确定分析目的。

数据分析师应当具备丰富的管理经验，比如确定分析思路就需要用营销、管理等理论知识来指导，如果数据分析师不熟悉管理理论等知识，很难搭建数据分析的框架，也很难推进后续的数据分析工作。

管理学知识对数据分析师来说，有 5 点作用，如图 1-13 所示。

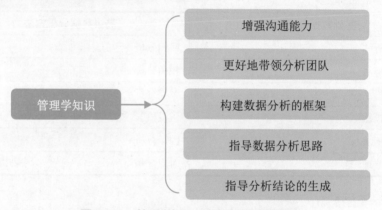

图 1-13　管理学知识对数据分析师的作用

专家提醒

对于数据分析新手而言，懂得管理学知识能有效管理分析时间，避免出现拖延、无法分辨出分析内容的前后顺序等现象。

1.3.5 增强设计能力

数据分析师还需要有一定的图形设计能力，能让数据变得不枯燥，不会让人感觉头晕目眩，并容易阅读。

美观的数据报告设计能增添可读性，因此图形的选择、版式的设计、颜色的搭配等，都需要遵循一定的设计原则，才能把分析出来的数据结果精美、清晰地呈现在人们的眼前，如图 1-14 所示。

图 1-14　美观的数据报告

1.3.6　提高表达能力

数据分析师不是将数据分析出来就可以了，还需要将数据背后的"故事"，告诉相关人员，而数据"故事"的好坏，是否有价值，一大部分还是要依靠数据分析师的表达能力。

若数据分析师的表达能力比较强大，能简明地将比较有用的重点表达清楚，那么，数据分析师分析出来的结论就能影响决策，而不会"白忙活"。

数据分析师在与产品经理、运营经理、实施经理等人交流时，虽然语言的表达能力很重要，但仅仅依靠语言是不够的，还需要有一定的组织能力和总结能力，以及团队合作意识，才能让分析出来的现象和结论，有一个好"归宿"。

1.3.7　熟知企业业务

不同的企业有不同的业务，数据分析师必须熟知自己所在企业的业务，只有这样才能实现高效、实用的数据分析操作。若数据分析师脱离企业业务背景，那么分析出来的结果必然实用性不强。

对于刚进企业的新手而言，想要一蹴而就地熟知企业业务是很难实现的，作为数据分析新手，应做到以下几点，如图 1-15 所示。

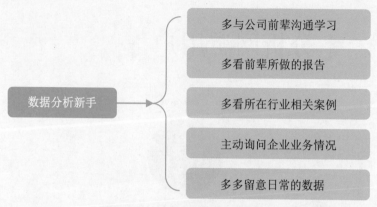

图 1-15　数据分析新手入门要点

第 2 章

步骤：落实数据分析操作

数据分析师除了需要了解数据是什么、数据分析的方法以及岗位的任职条件以外，还需要落实数据分析的操作规则，只有这样才能降低数据分析工作中的错误和风险，增加数据分析工作的实用价值。

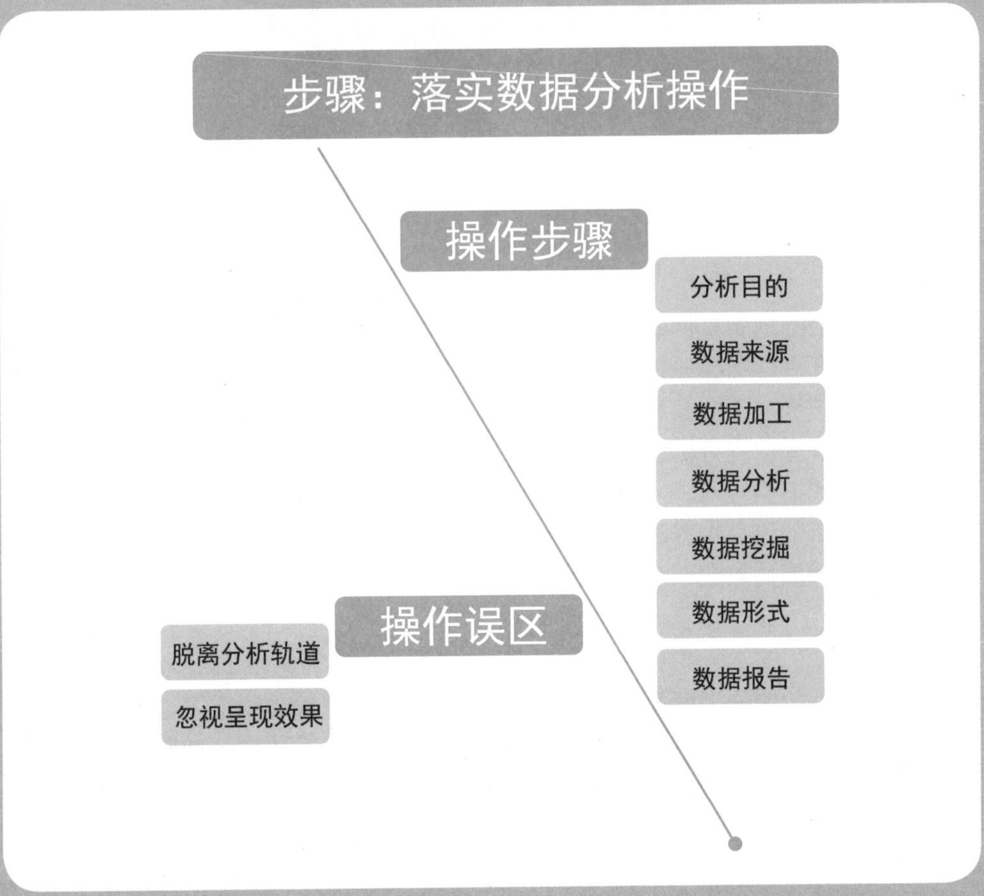

步骤：落实数据分析操作

操作步骤

分析目的

数据来源

数据加工

数据分析

数据挖掘

数据形式

数据报告

操作误区

脱离分析轨道

忽视呈现效果

2.1　操作步骤

　　数据分析师只有掌握数据分析操作的步骤，才能尽量在进行数据分析的过程中，降低失误率，将分析结论变成有价值的产物。

2.1.1　了解分析目的

　　在生活中，人们一般有目的地去做某件事，如人们去看电影《一出好戏》，就有可能是带着目的去观影的，如图 2-1 所示。

> 去看张艺兴、黄渤等演员合作的戏
> 被《一出好戏》剧情和预告片所吸引
> 去看黄渤导演拍的戏

图 2-1　一部分人群观影《一出好戏》的原因

　　因为有目的地做某件事，会提高工作效率，也避免浪费不必要的时间。由此，数据分析师在进行数据分析工作时，更是需要带着一个清晰的目的进行数据分析操作，只有这样才不会偏离方向，才能为企业决策者提供正确的、有意义的指导意见，这是确保数据分析过程有效进行的先决条件，能为数据的采集、处理、分析提供清晰的指引方向。

　　数据分析师只有带着明确的目的进行数据分析工作，才能正确地进行数据采集工作，确保重要数据不会缺失以及整个分析工作思路的完整，提高工作效率。

2.1.2　获取数据来源

　　数据并不会凭空出现在数据分析师的面前，数据是需要去挖掘、收集、整理的。由此，数据分析师需要充分了解数据来源，这样才能确保在数据分析工作的过程中，快速获取正确的、实用的数据。

数据获取渠道大体上可以分为两类，如图 2-2 所示。

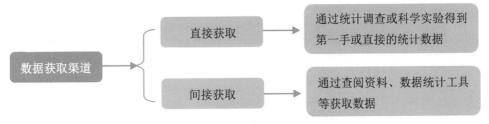

图 2-2 数据获取渠道大体分类

数据获取渠道可细分为 5 类，如表 2-1 所示。

表 2-1 细分的数据获取渠道

数据获取渠道	数据大概范围
企业内部数据	企业自己的数据库、运营数据、营销数据、财务数据、业务数据等
互联网数据	传播媒体网站、大型综合门户网站、行业组织网站、艾瑞等数据分析网站、腾讯等互联网巨头分析的数据，利用搜索引擎收集的数据等
数据分析工具	淘宝指数、京东商智、百度指数、微指数、魔镜、站长工具等
公开出版物	可以收集一些公开出版物里与企业业务相关的数据，这些数据比较权威，实用性也比较强
市场调查	运用科学的方法，有效地采集有关调查信息和资料，为市场预测和营销决策提供客观的数据资料，还可以用问卷调查的方式获取数据等

专家提醒

其实很多企业存在"隐藏"数据，很多数据都没有被利用，这对企业来说是一种损失，对企业运营情况分析，有一定的影响。数据分析师需要全方位地了解自己所在企业的所有情况，闲暇时多研究企业中的数据，将隐藏的数据挖掘出来。

下面就以用站长工具采集淘宝网的 Alexa 数据为例，进一步了解数据采集工作，其操作如下。

(1) 打开站长工具页面，单击"Alexa 排名"按钮，如图 2-3 所示。

(2) 进入 Alexa 排名，将淘宝网址输入搜索栏中，并单击"查看分析"按钮，如图 2-4 所示。

图 2-3　单击"Alexa 排名"按钮

图 2-4　单击"查看分析"按钮

专家提醒

　　通过 Alexa 排名，能看到自己网站在全球和中国的排名、被访问比例和人均页面浏览量、网站日平均 Alexa 排名走势图。

（3）可以得到 Alexa 排名，如图 2-5 所示。

图 2-5　淘宝网的 Alexa 排名

专家提醒

　　从图 2-5 中可以看到，此网站在全球排名第 8 位，在中国排名第 23 位，在电商网站排名第 2 位，访问速度为 3785Ms/16 分，反向链接有 46450 个。通过这些数据，可以分析出此网站在国内是一个不错的电商网站，在全球范围内也比较不错，其访问速度比较快，反向链接的数量也是比较多的，但还有上升的空间，这就需要数据分析师进一步分析其他数据，来寻找提高网站排名与访问速度的方法。

(4) 可以得到淘宝网的日平均排名走势图，如图 2-6 所示。

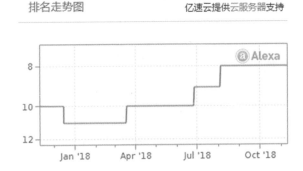

图 2-6　淘宝网的日平均排名走势图

(5) 可以得到淘宝网每百万人中日平均搜索流量走势图，如图 2-7 所示。

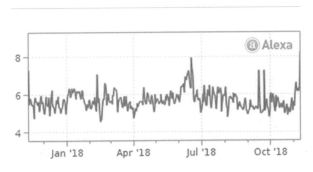

图 2-7　每百万人中日平均搜索流量走势图

2.1.3 数据加工处理

数据加工是数据分析的前提。数据分析师在进行数据分析操作之前，需要将毫无顺序、没有逻辑关系的数据挑选出来，进行加工处理，将数据分组、组织整理等，充分降低数据分析的复杂性，如图2-8所示。

专家提醒

一般需要进行加工的数据，会呈现以下几个特点：
● 数量大。
● 碎片化。
● 难以理解。

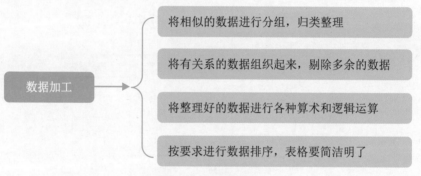

数据加工 →
- 将相似的数据进行分组，归类整理
- 将有关系的数据组织起来，剔除多余的数据
- 将整理好的数据进行各种算术和逻辑运算
- 按要求进行数据排序，表格要简洁明了

图2-8　数据加工

进行数据加工时，首先需要将后台的数据导出来，然后将这些没有规律的数据进行归类、整理。当然，整理的方法多种多样，例如剔除多余的、没有用的数据，以免对后面的数据分析造成干扰。

2.1.4 进行数据分析

收集、整理完数据之后的工作就是对数据进行分析。数据分析是所有步骤中的重中之重，它能将数据最核心的价值体现出来。

一般企业都会把数据分析划分为3种方式，如图2-9所示。

数据分析师在进行数据分析步骤时，脑海里需要有一套分析思维来作为分析数据的依据，以便更好地挖掘出数据背后的价值，如图2-10所示。

例如：就微信公众号后台数据来看，若某个时间段的阅读量或者关注数据骤然上升或者下降，那么，作为运营者就需要针对这个情况进行数据分析，了解这个时间段推送了什么文章，对比之前发布的文章，总结其变化的特点；又或者当

平台因近期活动推广使关注和阅读量出现变化时，需深入分析，了解变化因素。

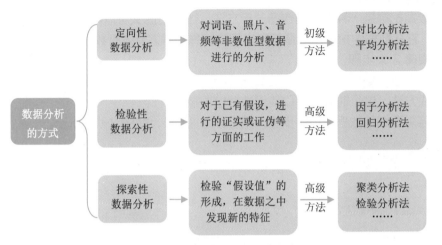

图 2-9　数据分析的 3 种方式

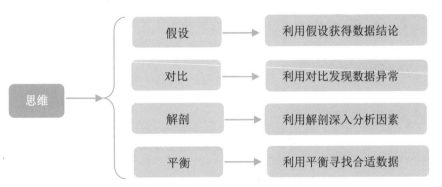

图 2-10　数据分析的 4 种思维

专家提醒

　　数据分析师在进行数据分析时，需要注意以下几个事项，评估分析过程和结果的有效性：

● 分析数据是否完整、有效、真实。

● 数据分析目的是否明确。

● 分析数据时是否进行了对比，深入分析。

● 是否能获得准确的数据分析结论。

2.1.5 深入挖掘数据

数据挖掘是一种高级的数据分析方法，数据挖掘又可以称为资料勘探和数据采矿，它从数据中挖掘出隐藏信息之间的特殊关系，具体有数据准备、寻找规律、展现规律 3 大步骤。

在海量的信息面前，传统的数据分析工具和方法已无法为数据分析提供很好的解决方法，这个时候就可以使用数据挖掘技术。

若需要细化数据挖掘的步骤，则可分为 11 步，如图 2-11 所示。

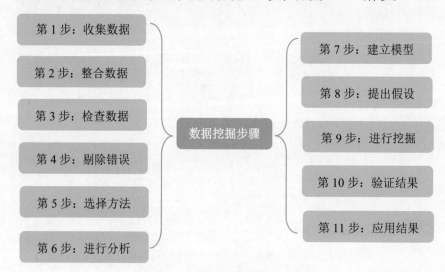

图 2-11　数据挖掘的细分步骤

2.1.6 美化数据形式

数据美化不仅能让人在视觉上感觉舒服，更能让企业管理者直观地看到数据的重点及变化，身为数据分析师可不只是寻找数据、统计数据，还要学会美化数据。所以，数据分析师一定要具备多种能力，这样才能更加熟练地操作数据分析，从而展现自己的价值。

一般来说，常用的展现形式为柱形图、折线图、矩阵图、雷达图、条形图、漏斗图、SmartArt 图、饼图等，如图 2-12 所示。

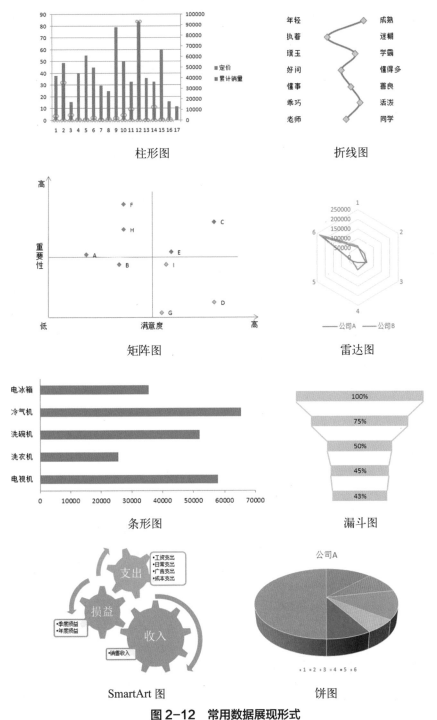

柱形图　　　　　　　　折线图

矩阵图　　　　　　　　雷达图

条形图　　　　　　　　漏斗图

SmartArt 图　　　　　　饼图

图 2-12　常用数据展现形式

2.1.7　制作数据报告

制作数据报告是数据分析的最后一个步骤，是对之前所做工作的展现和总结，更是实现数据价值的一个桥梁。

 专家提醒

数据分析报告是通过全方位的科学分析，评估分析目的是否可行的一种表现方式，也是让企业管理者认识企业业务发展趋势、掌握信息、收集相关信息、解决相关问题的一种分析应用载体。

若数据报告有一个明确的主题，图文并茂地阐述数据现象，条理清晰地展现出有价值的结论，能让企业管理者快速、容易地了解报告中的核心内容，那么不仅是这份数据报告乃至整个数据分析操作都是成功的。由此可见，数据报告在企业管理者心中的位置是比较重要的。一般来说，数据报告分为 3 个部分，如图 2-13 所示。

图 2-13　数据报告的 3 个部分

一份好的数据分析报告，一定需要有一个明确的框架，好的框架能将数据背后的"故事"，进行有层次的展示，能让阅读者一目了然地了解数据报告的大概构架以及核心内容。

在进行数据分析报告撰写时，还需要牢记4大原则，如图2-14所示。

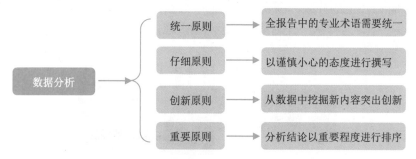

图2-14 撰写数据分析报告的4大原则

专家提醒

　　大体上数据分析报告是以"总分总"的形式组织的，并且数据分析报告必须要具有逻辑性，例如，从数据分析现象→总结问题出现的原因→解决问题的结论，这样浅显易懂的逻辑关系，实质上是在增加数据分析的可读性。

　　下面就来进一步了解一份优秀的数据分析报告需要具备几大要素，如图2-15所示。

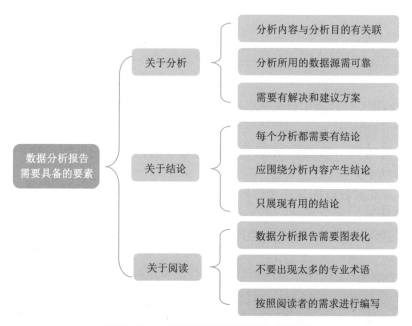

图2-15 数据分析报告需要具备的要素

下面以分析企业销售为例，进一步了解数据分析报告的撰写方法。

(1) 标题页上的标题，需要有一击命中数据分析目的的效果，并且页面可以做得精美一些，这样从一开始就能引起阅读兴趣，如图2-16所示。

图2-16 标题页

专家提醒

　　标题页的标题应具有较强的概括性，可以用简洁、准确的语言表达出数据分析报告的核心分析方向，还可以开门见山的方式直接将报告中的基本关系展现出来，从而加快阅读者对报告内容的了解。数据分析报告中的标题大体分为4种：

- 交代分析主题，展现出时间等客观现象，如"2016年开拓企业业务"。
- 以提问的形式，展现出分析主题，如"产品被谁买走了？"。
- 体现中心内容，如"企业今年总销量增长了15%"。
- 直接展示观点，如"企业需要开发新产品"。

(2) 目录可以体现出报告的分析思路，因此目录需要做得简洁一点，这样才便于阅读，如图2-17所示。

(3) 前言页一般包括数据分析的背景、目的、思路、结论等方面，如图2-18所示。

(4) 正文部分以图文并茂的方式，将数据分析资料以及结论体现出来，如图2-19所示。

(5) 总结报告中具有实用价值的结论，其措辞需严谨、准确，如图2-20所示。

专家提醒

　　数据分析报告虽然需要美观，但大致的版式还是需要统一的，不要加入太多的样式，不然会给人留下不严谨的印象。

目录

图 2-17　目录

分析背景和目的

- （1）随着时代的发展，同质化的产品越来越多，企业需要开辟出一条新道路，来抢占市场。
- （2）根据企业产品的销量，来指导产品销售调整计划，决定哪些产品的升级、哪些产品的淘汰。

图 2-18　前言页

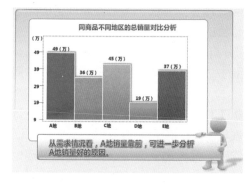

结论与建议

- （1）A地区可以成为企业产品销售主导市场
- （2）产品可以多增加一些网络推广方法
- （3）……

图 2-19　正文部分

图 2-20　结论与建议

(6) 在附录中补充应用的分析方法、展现图形、专业术语等，帮助阅读者理解数据报告中的内容，如图 2-21 所示。

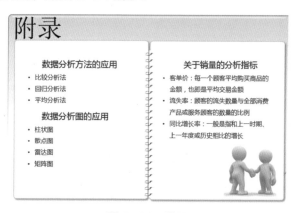

图 2-21　附录

专家提醒

　　在数据分析报告中，附录并不是必备的，数据分析师需要根据需求进行撰写，以具体问题具体展现为主，不要生搬硬套案例。

2.2　操作误区

　　数据分析师在进行数据分析实际操作时，时常会遇到下面常犯的两大问题。

2.2.1　脱离分析轨道

　　数据分析师在进行数据分析工作时，很容易脱离分析轨道，总把"怎样才能把这些数据用图表完美地展现出来？""需要用多少张图"等数据展现上的问题带到分析过程中，而忘记了数据分析的核心目的。

　　数据分析师大多是其他专业，对数据分析不专业，就很容易跑偏，变成一心一意计算数据，而不是去挖掘数据背后的故事，导致与数据分析的目的背道而驰。

　　除此之外，数据分析师在进行数据分析工作之前，很容易带着个人观点进行数据加工，这样会导致数据不完整，进而误导决策，使企业遭受损失。

　　由此，数据分析师在进行数据分析工作时，需要做到以下3点，避免脱离分析轨道，如图2-22所示。

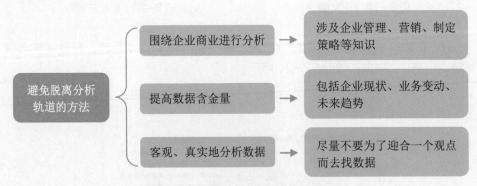

图2-22　避免脱离分析轨道的方法

2.2.2　忽视呈现效果

　　数据分析报告固然需要具有一定的美观度，以更好地展现出数据背后的故事，可是过度专注于报告的展现，会失去数据分析本身的意义。

有些数据分析师为了凸显数据报告的个性化，使用一些口语化的句子，使数据分析报告失去严谨性，从而导致不受企业决策者的重视，这样数据分析师所做的报告就毫无意义。

其实，数据分析师需要在制作数据报告时，掌握住核心点，而不要将重心放在数据报告的美观程度上。在数据报告中，要简洁明了地展现核心内容，其重点部分和次要部分也要分主次展现，如图 2-23 所示。

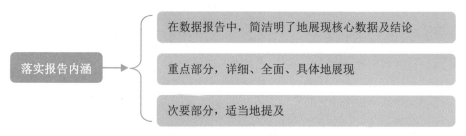

图 2-23 落实报告内涵

数据分析师在制作数据报告的过程中，需要凸显出报告的个性，但这个个性绝不是指美观度，而是指报告制作的角度，需要从不同的方面，独到地制作出专业的数据分析报告，这样才能使报告更有价值。

数据分析报告中所用的语言，需要精练、简洁，对情况的交代、过程的叙述以说明问题为宜，直戳重点，体现核心，这样的数据分析报告才是最值得阅读的。

第 3 章

实操：掌握数据整理的方法

数据分析师在进行数据分析工作时，首要任务是需要将复杂没有规律的数据进行排序、筛选和汇总，这样数据就不会显得杂乱无章，便于数据分析师高效地进行数据分析工作。

实操：掌握数据整理的方法

数据排序

- 数据升序
- 快速排序
- 高级排序
- 自定义排序

数据筛选

- 单条件筛选
- 多条件筛选
- 高级筛选
- 自定义筛选
- 快速双筛选
- 重复值筛选

数据汇总

- 分类汇总
- 汇总数据
- 多字段汇总

3.1 数据排序

数据分析师在拿到数据之后，第一步就需要对它们进行排序，避免数据杂乱无章，以便于快速查找、替换、浏览所需的数据。

3.1.1 数据升序

在 Excel 2016 中，数据分析报告的主要排序方式分为 3 类：简单排序、高级排序和自定义排序。而这 3 类排序主要依据升序和降序进行排列，即对数字按从小到大进行排列就是升序，反之为降序。下面就来了解 Excel 2016 升序的排序规则，如图 3-1 所示。

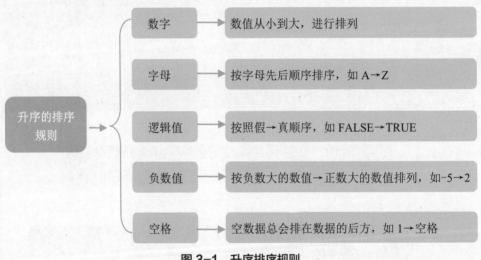

图 3-1 升序排序规则

3.1.2 快速排序

一般在 Excel 2016 中的快速排序，是针对单列数据得以实现的，便于数据分析师快速查看某一方面数据的排序。简单来讲，快速排序是按照一个关键字段进行排序的。

下面就以从高到低（降序）的方式，快速找到企业 2018 年销售最好的产品，其操作如下。

(1) 打开记录企业产品销量的 Excel 文件，如图 3-2 所示。

(2) 用鼠标选择需要排序的列"2018(万)"，如图 3-3 所示。

图 3-2 打开文件　　　　　图 3-3 选择排序列

(3) 在菜单栏上❶单击"数据"菜单；❷单击"降序"按钮 ，数据即可从大到小进行排列，如图 3-4 所示。

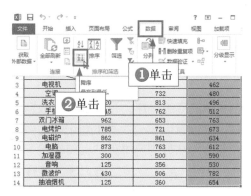

图 3-4 单击"降序"按钮

专家提醒

若单击"升序"按钮 ，数据就会以从小到大的方式进行排列。

(4) 在弹出的"排序提醒"对话框中❶选中"扩展选定区域"单选按钮；❷单击"排序"按钮，如图 3-5 所示。

(5) 排序完成，即可得到 2018 年从大到小的产品销量，如图 3-6 所示。

通过图 3-6 中的排序可以看出，此企业在 2018 年微波炉的销量最好，电视机的销量最差。

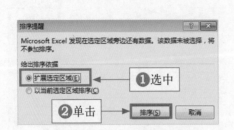

图 3-5　单击"排序"按钮

图 3-6　完成排序

专家提醒

在"排序提醒"对话框中，若选中"以当前选定区域排序"单选按钮，就只会排序选定的区域；若选中"扩展选定区域"单选按钮，就会将整个表格数据都进行排序工作。

3.1.3　高级排序

一般在 Excel 2016 中的高级排序，是针对多列数据得以实现的，即按多个关键字段进行多重排序。下面就以某公司员工登记表为例，按"工龄"从高到低排列，工龄相同的按"年龄"从低到高排列，其操作如下。

(1) 在 Excel 2016 中打开某企业员工登记表，选择 A1 单元格，如图 3-7 所示。

图 3-7　员工登记表

(2) 在菜单栏上❶单击"数据"菜单；❷再单击"排序"按钮 ，如图3-8所示。

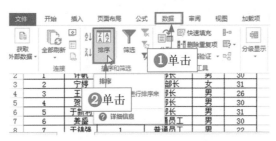

图3-8 单击"排序"按钮

(3) 在弹出的"排序"对话框中，❶单击 按钮；❷选择"工龄（年）"选项，如图3-9所示。

图3-9 选择"工龄（年）"选项

(4) 将"排序依据"设置为"数值"，如图3-10所示。

图3-10 设置"排序依据"

(5) 根据需求将"次序"设置为"降序"，如图3-11所示。

(6) 单击"添加条件"按钮，如图3-12所示。

(7) 在弹出的"次要关键字"右侧❶选择"年龄"选项并设置为升序；❷单击"确定"按钮，如图3-13所示。

图 3-11 设置"次序"

图 3-12 单击"添加条件"按钮

图 3-13 单击"确定"按钮

(8) 排序完成，即可从大到小排列工龄，如图 3-14 所示。

通过图 3-14 中的排序可以看出，此企业员工资历最深的是 53 岁的赵强部长，他工龄为 30 年，资历最浅的是 22 岁的普通员工于锦强，他工龄为 1 年。

EA470780030CN

国际（地区）特快专递邮件详情单
INTERNATIONAL (REGIONAL) EXPRESS MAIL WAYBILL

全球邮政特快专递

© 快件 存根/FOR CUSTOMS

收寄局/ORIGIN OFFICE

收寄日期/POSTING DATE & TIME

| 年 Y | 月 M | 日 D | 时 H |

寄件人/FROM
电话(非常重要)/PHONE (VERY IMPORTANT)
130 0128372

城市/CITY 北京
国家(地区)/COUNTRY(REGION) 中国

公司/COMPANY

地址/ADDRESS
北京市顺义区空港9区捷威 -3 13楼道

邮政编码/POSTAL CODE 116185

用户编码/CUSTOMER CODE

如邮件无法投递，我选择
IF SHIPMENT IS UNDELIVERABLE
I AGREE THAT IT SHOULD BE
□ 退回 RETURNED
□ 放弃 ABANDONED
我保证承担退回的费用
AND I ASSURE TO PAY FOR THE CHARGE OF RETURN

CN22
□ 文件资料 DOCUMENT
□ 物品 PARCEL
如系包裹，请务必填写 CN23 报关单及提供商业发票或形式发票
FOR PARCEL, PLEASE FILL IN THE DECLARATION FORM CN23, PROVIDE COMMERCIAL INVOICE OR PROFORMA INVOICE AND CAREFULLY COMPLETE THE ITEMS BELOW IN ENGLISH

内件名及详细说明 NAME & DESCRIPTION OF CONTENTS	件数 NO.OF PCS	重量 WEIGHT	申报价值 DECLARED VALUE	原产地 ORIGIN
		千克/KG	美元/USD	

交寄人签名/SENDER'S SIGNATURE
张入口

我保证以上申报内容真实及本邮件内未夹寄易燃物品和违禁物品
I ASSURE THE TRUTH OF THE ABOVE DECLARATION AND I GUARANTEE THAT THE SHIPMENT DOES NOT CONTAIN ANY DANGEROUS AND PROHIBITED GOODS.

填写说明请见背面/PLEASE READ CAREFULLY INSTRUCTION ON THE BACK OF THE BILL BEFORE THE COMPLETION
使用打字机填写/PLEASE TYPE WITH TYPEWRITER

收件人/TO
Julie Zhou

城市/CITY Yorba Linda
国家(地区)/COUNTRY(REGION) USA

公司/COMPANY

地址/ADDRESS
5891 Lynnbrook Plaza Yorba Linda

电话(非常重要)/PHONE (VERY IMPORTANT)
1-714-242-5585

邮政编码/POSTAL CODE
CA 92886

体积/VOLUME		立方厘米/cm³	总重量/TOTAL WEIGHT	千克/KG
长 L x长H	x宽 W x高H		费用总计/TOTAL CHARGE	
资费/CHARGE ¥	其它费用/ADD CHARGE ¥		¥	

收件人员签名/ACCEPTED BY (SIGNATURE)

| 年 Y | 月 M | 日 D | | 时 H | 分 M |

收件人签名/RECEIVER'S NAME

| 年 Y | 月 M | 日 D | |

E A 4 7 0 7 8 0 0 3 0 C N

http://www.ems.com.cn
服务热线：11185 (HOTLINE)
手机短信查询号码：10665185 (MOBILE MESSAGE FOR TRACKING)

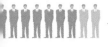

员工编号	姓名	工龄（年）	职位	性别	年龄
24	赵强	30	部长	男	53
23	王陶	20	副部长	女	45
25	潘勇	19	副部长	女	42
13	彭俊杰	10	普通员工	男	33
2	宁婷	9	副部长	女	31
5	于新利	9	部长	男	31
4	贺慈	8	部长	男	30
14	刘晓艳	8	副部长	女	33
1	许帆	7	部长	男	30
20	李梅	7	普通员工	女	30
16	陈兵	6	副部长	男	26
6	姜盛	6	普通员工	男	30
21	田涛	6	副部长	男	30
15	司研	6	普通员工	女	38
12	杨菁嵋	5	普通员工	女	27
18	马涛	5	普通员工	男	28
17	刘鹏	5	普通员工	男	29
22	王明	5	普通员工	男	29
19	吕晓	5	普通员工	女	34
8	王宇彤	4	部长	男	26
10	李剑	4	普通员工	男	26
3	王心	3	部长	男	26
9	李佳	2	普通员工	女	22
11	关明	2	普通员工	男	24
7	于锦强	1	普通员工	男	22

图 3-14　排序完成

3.1.4　自定义排序

自定义排序能帮助数据分析师将表格中的数据按字段序列进行排序。下面以某大学 11 月份的图书借阅表为例，按借书类别进行排序，其操作如下。

(1) 打开某大学 11 月份的图书借阅表，在菜单栏上单击“文件”菜单，如图 3-15 所示。

11月份图书借阅表				
借阅人	借阅日期	书号	类别	归还日期
陈家	11/2/20	105432100	视频类	11/2/21
江娟	11/2/20	105433168	政治类	11/3/9
李燕	11/2/21	101003936	政治类	11/2/26
宁和	11/2/25	105432938	工具书	11/5/3
李其	11/2/26	104210361	政治类	11/4/6
向一方	11/3/1	105432132	计算机	11/3/20
李燕	11/3/2	105421365	文学类	11/3/15
李其	11/3/5	105400968	外语类	11/3/9
赵刚	11/3/9	105310140	文学类	11/3/20
孙意	11/3/9	105310568	文学类	11/7/30
王明	11/3/19	105420076	外语类	11/5/3
胡蓝	11/3/20	105431076	外语类	11/4/15

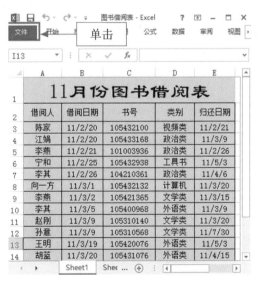

图 3-15　单击“文件”菜单

(2) 在弹出的界面单击"选项"标签，如图 3-16 所示。

图 3-16　单击"选项"标签

专家提醒

　　数据分析师在对表格进行自定义排序时，必须先建立需要排序的自定义序列项目，然后才能根据设置的自定义序列对表格进行排序。

(3) 在弹出的"Excel 选项"对话框中，❶单击"高级"标签；找到"常规"栏目，❷单击"编辑自定义列表"按钮，如图 3-17 所示。

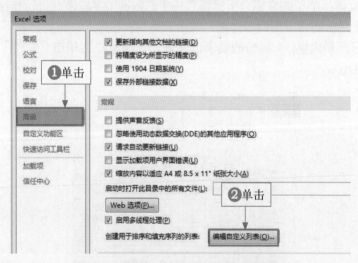

图 3-17　单击"编辑自定义列表"按钮

(4) 弹出"自定义序列"选项卡，在"输入序列"列表框中❶输入序列；然后❷单击"添加"按钮；❸最后单击"确定"按钮，如图 3-18 所示。

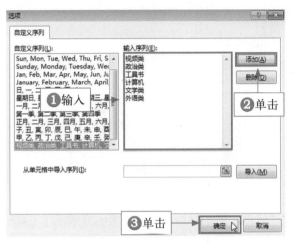

图 3-18 设置自定义序列

专家提醒

　　除了自己动手输入序列之外，还可以单击"选区"按钮，回到 Excel 表格中，用"Ctrl+鼠标左键"的方法，选中自己所需要的序列，再回到"选项"对话框中，单击"导入"按钮，即可将自定义序列项目建立起来。

(5) 返回"Excel 选项"对话框，单击"确定"按钮，如图 3-19 所示。

图 3-19 单击"确定"按钮

(6) 返回 Excel 文档中，在菜单栏上❶单击"数据"菜单，❷单击"排序"

按钮，如图3-20所示。

图3-20 单击"排序"按钮

(7) 在弹出的"排序"对话框中，❶选择相应的参数；❷单击"确定"按钮，如图3-21所示。

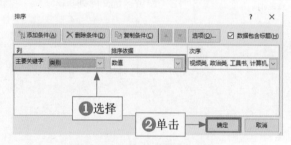

图3-21 单击"确定"按钮

(8) 自定义排序完成，如图3-22所示。

	A	B	C	D	E
1	借阅人	借阅日期	书号	类别	归还日期
2	陈家	15/2/20	105432100	视频类	15/3/21
3	江娟	15/2/21	105433168	政治类	15/3/22
4	李燕	15/3/22	101003936	政治类	15/4/23
5	李其	15/5/24	104210361	政治类	15/7/25
6	宁和	15/4/23	105432938	工具书	15/5/24
7	向一方	15/7/25	105432132	计算机	15/8/26
8	李燕	15/2/26	105421365	文学类	15/4/27
9	赵刚	15/5/28	105310140	文学类	15/6/1
10	孙意	15/4/1	105310568	文学类	15/5/2
11	李其	15/4/27	105400968	外语类	15/5/28
12	王明	15/8/2	105420076	外语类	15/10/3
13	胡蓝	15/7/3	105431076	外语类	15/8/4
14					

图3-22 自定义排序完成

3.2 数据筛选

对于数据分析师来说，数据筛选技能是必须要掌握的，只有这样才能提高工作效率。在 Excel 2016 中，表格数据的筛选就是将满足条件的记录显示在页面中，将不满足条件的记录隐藏起来，筛选的关键字可以是文本类型的字段，也可以是数据类型的字段。

专家提醒

数据筛选是 Excel 2016 的数据表格管理中一个最常用也是最基本的技能，数据分析师通过数据筛选能够快速地看到所需要的数据，方便数据分析师第一时间获取有效的信息。

3.2.1 单条件筛选

数据分析师可以运用单条件筛选方法，快速地查找到符合条件的数据。下面就以图书销售表为例，筛选出各销售地区"图形图像类"图书的销量，其操作如下。

(1) 打开一个 Excel 文件，如图 3-23 所示。

图 3-23 Excel 文件

(2) 在菜单栏上❶单击"数据"菜单；在"排序和筛选"选项区中，❷单击"筛选"按钮，如图 3-24 所示。

专家提醒

再次单击"筛选"按钮，即可关闭数据的筛选功能。

(3) ❶单击 B2 单元格上的 ▾ 按钮；在下拉列表中❷勾选"图形图像类"复选框；❸单击"确定"按钮，如图 3-25 所示。

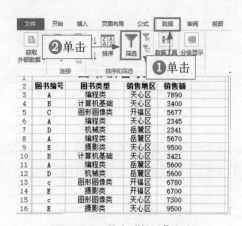

图 3-24　单击"筛选"按钮　　　　图 3-25　勾选"图形图像类"复选框

(4) 筛选完毕，即可获得图形图像类图书的销售数据，如图 3-26 所示。

	A	B	C	D
1		图书销售表		
2	图书编▾	图书类型▾	销售地▾	销售额
5	C	图形图像类	开福区	5677
13	c	图形图像类	开福区	6780
15	c	图形图像类	天心区	7300
20	c	图形图像类	开福区	2500
22	c	图形图像类	天心区	5400
28	c	图形图像类	开福区	4900
30	c	图形图像类	天心区	7300
35	c	图形图像类	开福区	6700
37	c	图形图像类	天心区	3200

图 3-26　筛选完毕

3.2.2　多条件筛选

数据分析师有时需要精确查找某一类数据，如果数据表格不是很多，运用多

条件筛选，设定几个与数据相关的条件，可以快速、精确、有效地查找数据。

在 Excel 2016 中的多条件筛选功能可以进行多条件的精确筛选。下面就以某公司的员工销售业绩表为例，筛选销售组第 4 组和在第 4 组中的男性员工数据，其操作如下。

(1) 打开员工销售业绩表，在菜单栏上❶单击"数据"菜单；❷单击"筛选"按钮，如图 3-27 所示。

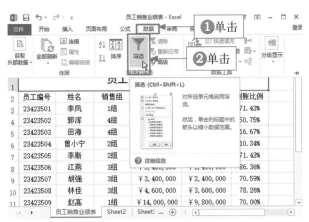

图 3-27 单击"筛选"按钮

(2) 使表格呈筛选状态，如图 3-28 所示。

员工编号	姓名	销售组	签单额	到账额	到账比例
员工销售业绩表					
23423501	李凤	1组	￥5,600,000	￥4,000,000	71.43%
23423502	郭浑	4组	￥6,700,000	￥3,400,000	50.75%
23423503	田海	4组	￥3,600,000	￥600,000	16.67%
23423504	曾小宁	2组	￥2,900,000	￥300,000	10.34%
23423505	李斯	2组	￥1,400,000	￥1,000,000	71.43%
23423506	江燕	3组	￥5,400,000	￥3,400,000	86.36%
23423507	胡强	3组	￥3,400,000	￥2,400,000	70.59%
23423508	林佳	3组	￥4,600,000	￥3,600,000	78.26%
23423509	赵高	1组	￥14,000,000	￥9,800,000	70.00%
23423510	张芃芃	2组	￥3,400,000	￥2,000,000	58.82%
23423511	程巧慧	4组	￥5,600,000	￥4,000,000	71.43%
23423512	肖宝钗	1组	￥4,500,000	￥3,000,000	66.67%
23423513	刘黎	3组	￥2,300,000	￥1,700,000	73.91%

图 3-28 表格呈筛选状态

(3) 单击表格中"销售组"右侧的▼按钮，如图 3-29 所示。

(4) 在下拉列表中❶勾选"4组"复选框；❷单击"确定"按钮，如

图 3-30 所示。

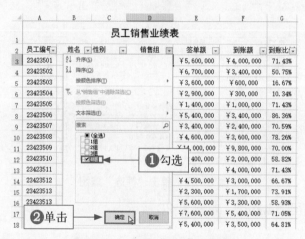

图 3-29　单击 ▾ 按钮

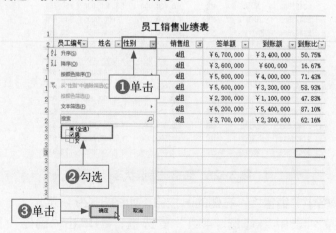

图 3-30　勾选"4 组"复选框

(5) ❶单击"性别"右侧的 ▾ 按钮；在下拉列表中❷勾选"男"复选框；
❸单击"确定"按钮，如图 3-31 所示。

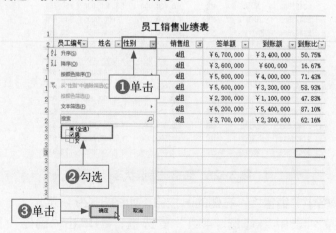

图 3-31　勾选"男"复选框

(6) 多条件筛选完成，即可获得第 4 组男性员工的销售数据，如图 3-32 所示。

员工编号	姓名	性别		销售组		签单额	到账额	到账比
23423502	郭浑	男		4组		￥6,700,000	￥3,400,000	50.75%
23423503	田海	男		4组		￥3,600,000	￥600,000	16.67%
23423513	萧万潮	男		4组		￥5,600,000	￥3,300,000	58.93%
23423513	李春	男		4组		￥2,300,000	￥1,100,000	47.83%
23423513	谷乐	男		4组		￥6,200,000	￥5,400,000	87.10%
23423513	张春旺	男		4组		￥3,700,000	￥2,300,000	62.16%

图 3-32　多条件筛选完成

3.2.3　高级筛选

对于字段比较多的数据表格，需要筛选的条件也比较多，因此需要使用高级的筛选功能，才能顺利地进行数据分析工作。

下面以某企业会员资料表为例，筛选出黄钻 VIP 会员年龄大于 30 岁的人群和绿钻 VIP 会员年龄小于 50 岁的人群，其操作如下。

(1) 打开企业会员资料表，如图 3-33 所示。

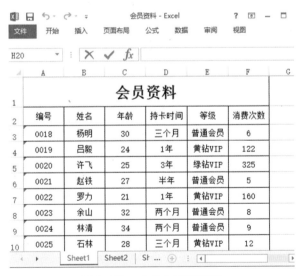

图 3-33　企业会员资料表

(2) 将筛选条件输入单元格中，如图 3-34 所示。

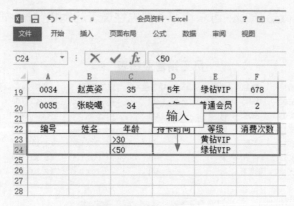

图3-34　输入筛选条件

 专家提醒

数据分析师在进行高级筛选时，需注意筛选的顺序和筛选的区域，步骤一定要弄清楚。

(3) 在菜单栏上❶单击"数据"菜单；❷单击"高级"按钮，如图3-35所示。

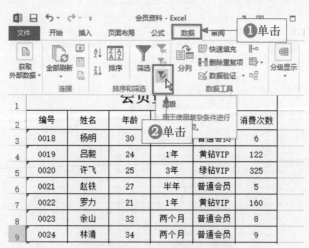

图3-35　单击"高级"按钮

(4) 在弹出的"高级筛选"对话框中，❶选择"在原有区域显示筛选结果"单选按钮；❷设置列表区域和条件区域；❸单击"确定"按钮，如图3-36所示。

图 3-36　设置"高级筛选"对话框中的参数

(5) 完成高级筛选，即获得黄钻 VIP 会员年龄大于 30 岁的人群和绿钻 VIP
会员年龄小于 50 岁的人群，如图 3-37 所示。

会员资料

编号	姓名	年龄	持卡时间	等级	消费次数
0020	许飞	25	3年	绿钻VIP	325
0026	黄小云	29	3年	绿钻VIP	430
0027	李晓凯	45	5年	黄钻VIP	610
0029	王小花	43	6年	黄钻VIP	780
0031	曲颖	35	4年	黄钻VIP	530
0032	张睿	33	6年	绿钻VIP	660
0034	赵英姿	35	5年	绿钻VIP	678

图 3-37　高级筛选结果

3.2.4　自定义筛选

数据分析师可以在 Excel 2016 中，运用自定义筛选功能快速找到自己所需
要的数据。

下面就利用自定义筛选功能，在课程表中进行模糊筛选，从而得到星期三数
学课程的排课情况，其操作如下。

(1) 打开课程表，在菜单栏上❶单击"数据"菜单；在"排序和筛选"选项
区中❷单击"筛选"按钮，如图 3-38 所示。

(2) ❶单击"星期三"右侧的▾按钮；在下拉列表中❷选择"文本筛选"选项；
在下拉列表中❸选择"自定义筛选"选项，如图 3-39 所示。

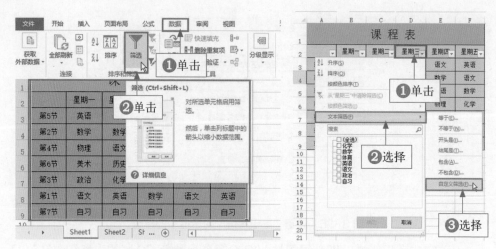

图 3-38　单击"筛选"按钮　　　　图 3-39　选择"自定义筛选"选项

（3）在"自定义自动筛选方式"对话框中，模糊条件❶输入"数*"；❷单击"确定"按钮，如图 3-40 所示。

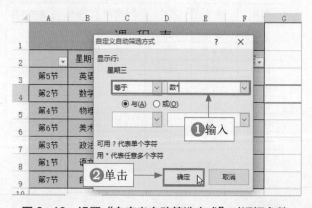

图 3-40　设置"自定义自动筛选方式"对话框参数

（4）筛选出星期三的"数学"单元格，查看数学课程的排课情况，如图 3-41 所示。

从图 3-41 中可以看到，星期三的数学课程，分别在第 1 节课、第 5 节课、第 6 节课。

图 3-41 筛选出星期三的"数学"单元格

专家提醒

自定义筛选中的"开头是""结尾是"等运算，只能用于筛选文本格式的数据，不能用于筛选数值格式数据，若想用于筛选数值格式数据，需要将数据转换为文本格式。

3.2.5 快速双筛选

数据分析师除了可以用多条件筛选进行多列数据的筛选外，还可以运用快速双筛选功能，进行多列数据的筛选。

下面就以员工销售业绩表为例，利用快速双筛选功能，快速地筛选出第 2 组男性员工和第 3 组女性员工的相关数据，其操作如下。

(1) 打开员工销售业绩表，在 F3 单元格中输入"=B3&C3"，按 Enter 键，如图 3-42 所示。

专家提醒

有时候数据分析师需要统计的表格有很多，数据的项目也非常多且杂乱，一个个去筛选特别浪费时间，如果可以同时筛选两组数据，那么数据分析的进度就会快很多。

(2) 将鼠标指针移至 F3 单元格右下角，当鼠标指针变成"加号"时，按住鼠标左键，拖动到 F14 单元格，从而得到性别字段与销售组字段的结合，如图 3-43 所示。

图 3-42　输入公式内容

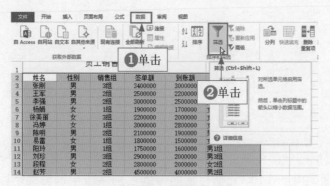

图 3-43　拖动到 F14 单元格

(3) 选中 B2 ~ F14 单元格区域,在菜单栏上❶单击"数据"菜单;❷单击"筛选"按钮,如图 3-44 所示。

图 3-44　单击"筛选"按钮

(4) 在 F2 单元格右下角❶单击"三角"按钮；在下拉列表中❷勾选"男2组""女3组"复选框；❸单击"确定"按钮，如图 3-45 所示。

(5) 完成快速双筛选，如图 3-46 所示。

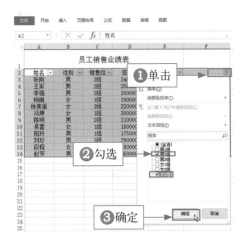

图 3-45　筛选需要的内容

图 3-46　快速双筛选结果

专家提醒

　　数据分析师根据数据的不同，可以选择不同的筛选形式。例如，按数据颜色筛选、日期筛选、文本筛选、数字筛选等。

3.2.6　重复值筛选

数据分析师在进行随机抽样时，数据很容易被重复抽取，因此需要运用筛选功能筛除重复值。

既可以用颜色将重复值与其他数值区分开，也可以在表格中直接删除重复值。

下面就以某网站会员在 2018 年 1 月的会员登录数据为例，从 100 个连续会员编号中随机抽取 30 名会员进行礼品回馈，其中很有可能出现重复值，因此需要筛除重复值，其操作如下。

(1) 打开 2018 年 1 月会员编号记录表，在菜单栏上❶单击"数据"菜单；❷单击"数据分析"按钮，如图 3-47 所示。

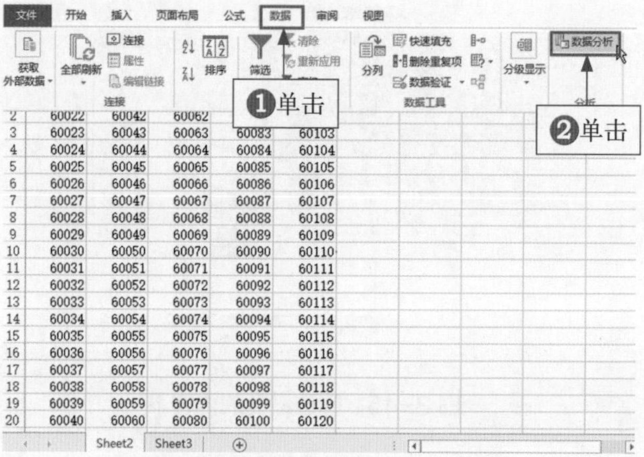

图 3-47　单击"数据分析"按钮

(2) 在弹出的"数据分析"对话框中，❶选择"抽样"选项；❷单击"确定"按钮，如图 3-48 所示。

(3) 在"抽样"对话框中，❶设置输入区域、样本数和输出区域的参数，再❷单击"确定"按钮，如图 3-49 所示。

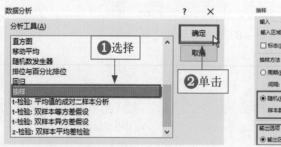

图 3-48　选择"抽样"选项

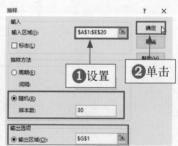

图 3-49　设置抽样参数

(4) 选中 G 列的所有数据，在菜单栏上❶单击"数据"菜单；❷单击"删除重复项"按钮，如图 3-50 所示。

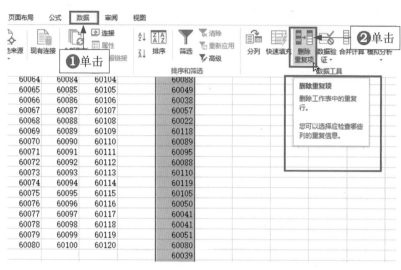

图3-50 单击"删除重复项"按钮

(5) 弹出"删除重复项"对话框，各选项为❶默认设置；❷单击"确定"按钮，如图3-51所示。

(6) 弹出Microsoft Excel对话框，可以看出即将删除的重复值个数，单击"确定"按钮，如图3-52所示。

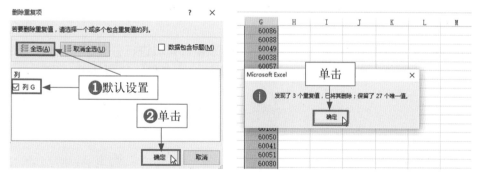

图3-51 设置"删除重复项"对话框中的参数 **图3-52 单击"确定"按钮**

(7) 重复值筛选完毕，如图3-53所示。

数据分析师还可以将得到的数据进行整理，尽量将数据排成多列，这样便于对数据内容进行查看，如图3-54所示。

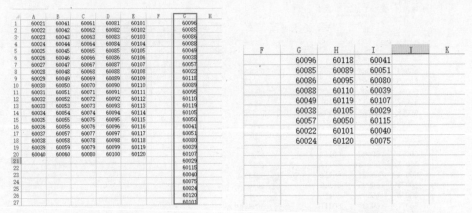

图 3-53　重复值筛选完毕　　　　　图 3-54　将数据进行多列排放

3.3　数据汇总

数据汇总功能对于数据分析师进行数据分组具有非常大的帮助，它能让数据分析师快速获取整个数据的总体情况。在 Excel 2016 中，数据汇总就是在对分类项字段进行排序操作的基础上，将数据表格中的记录按某一关键字段进行分类汇总操作。

3.3.1　分类汇总

在 Excel 2016 中，并不是所有的数据表格都可以进行分类汇总，一般来说，要进行分类汇总的数据表格应该满足最基本的 3 个条件，如图 3-55 所示。

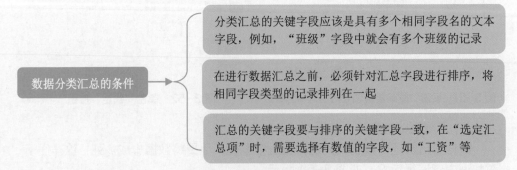

图 3-55　数据分类汇总的条件

3.3.2　汇总数据

数据分析师可以运用 Excel 2016 进行分类汇总工作，快速汇总所需的数据。

下面以汇总某学校在 2017 年为 5 个班级所发的奖学金为例，进行分类汇总操作，其操作如下。

(1) 打开数据表格，单击表格中的任意单元格，在菜单栏上❶单击"数据"菜单；❷单击"排序"按钮，如图 3-56 所示。

(2) 在弹出的"排序"对话框中，❶选择对应参数；❷单击"确定"按钮，如图 3-57 所示。

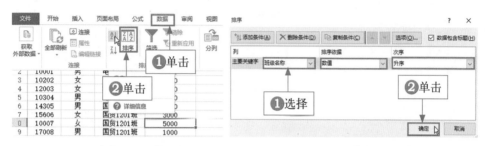

图 3-56　单击"排序"按钮　　　　　图 3-57　设置排序参数

(3) 实现排序后，在菜单栏❶单击"数据"菜单；❷单击"分类汇总"按钮，如图 3-58 所示。

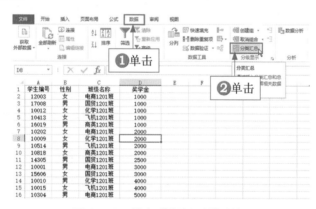

图 3-58　单击"分类汇总"按钮

(4) 在弹出的"分类汇总"对话框中，❶设置"分类字段"为"班级名称"；❷勾选"奖学金"复选框；❸并单击"确定"按钮，如图 3-59 所示。

专家提醒

数据分析师需要根据自己的分析目的，设置"分类汇总"对话框中的参数。

(5) 分类汇总操作完成，得到各班级所获奖学金的具体数额，如图 3-60 所示。

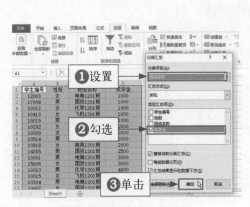

图 3-59　设置对应的参数

	A	B	C	D
1	学生编号	性别	班级名称	奖学金
2	12003	女	电商1201班	1000
3	10202	女	电商1201班	2000
4	10001	男	电商1201班	3000
5	10304	男	电商1201班	5000
6			电商1201班 汇总	11000
7	10413	女	飞机1201班	1000
8	10514	男	飞机1201班	2000
9	10015	女	飞机1201班	4000
10	10016	男	飞机1201班	5000
11			飞机1201班 汇总	12000
12	17008	男	国贸1201班	1000
13	14305	男	国贸1201班	2500
14	15606	女	国贸1201班	3000
15	10007	女	国贸1201班	5000
16			国贸1201班 汇总	11500
17	10012	女	化学1201班	1000
18	10009	女	化学1201班	2000
19	10010	男	化学1201班	4000
20	10511	男	化学1201班	5000
21			化学1201班 汇总	12000
22	16019	男	商英1201班	1000
23	10818	女	商英1201班	2000
24	17017	女	商英1201班	5000
25			商英1201班 汇总	8000
26			总计	54500

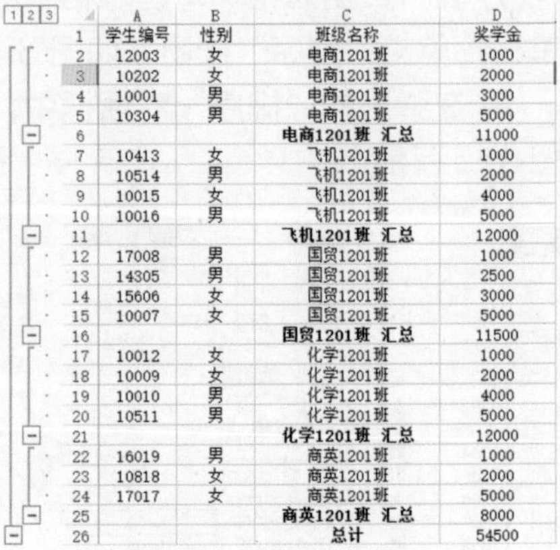

图 3-60　分类汇总结果

通过图 3-60 可以知道，学校一共发了 54500 元奖学金，其中电商 1201 班共发了 11000 元，飞机 1201 班共发了 12000 元，国贸 1201 班共发了 11500 元，化学 1201 班共发了 12000 元，商英 1201 班共发了 8000 元。

3.3.3　多字段汇总

数据分析师还可以进行多字段的汇总工作。下面还是运用某学校在 2017 年为 5 个班级所发的奖学金为例，进行多字段的汇总操作，其操作如下。

(1) 在菜单栏上❶单击“数据”菜单；❷单击“排序”按钮，如图 3-61 所示。

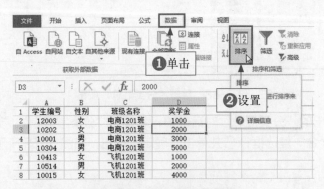

图 3-61　单击“排序”按钮

(2) 弹出“排序”对话框，❶单击“添加条件”按钮，增加次要关键字；❷再进行相关参数的设置；❸单击“确定”按钮，如图 3-62 所示。

(3) 在菜单栏上❶单击"数据"菜单；❷单击"分类汇总"按钮，如图3-63所示。

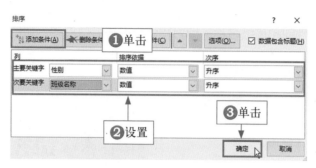

图3-62 设置"排序"对话框

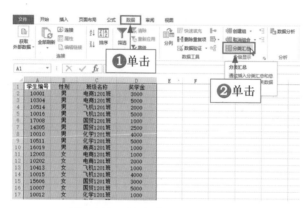

图3-63 单击"分类汇总"按钮

(4) 弹出"分类汇总"对话框，❶按性别对奖学金进行汇总操作；❷单击"确定"按钮，如图3-64所示。

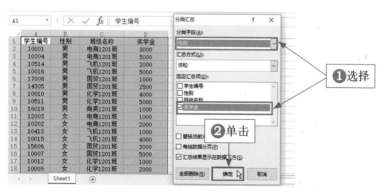

图3-64 按性别对奖学金进行汇总

(5) 再次在菜单栏上单击"数据"菜单，单击"分类汇总"按钮，在弹出"分类汇总"对话框中，❶按班级名称对奖学金进行汇总操作；❷单击"确定"按钮，如图 3-65 所示。

(6) 分别按性别和班级名称一同对奖学金进行汇总操作，如图 3-66 所示。

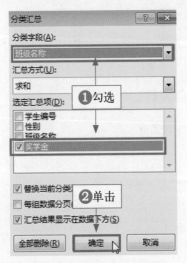

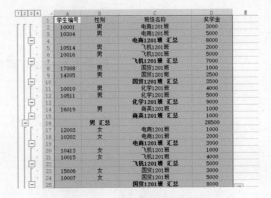

图 3-65　按班级名称对奖学金进行汇总　　　　**图 3-66　多字段汇总的结果**

第 4 章

方法：掌握数据分析秘诀

对于数据分析师来说，数据分析方法是必不可缺的挖金技能，只有掌握了分析方法，只有达到将数据方法信手拈来的程序，才能不被困难击退。

```
方法：掌握数据分析秘诀
├── 思维模式
│   ├── 分析思维习惯
│   ├── 数据分析能力
│   └── 创新性分析思维
├── 摆正思路
│   ├── 七何分析法
│   ├── 演绎树分析法
│   ├── PEST 分析法
│   ├── 金字塔原理
│   ├── 4P 营销理论
│   └── SWOT 分析法
└── 应用分析
    ├── 比较分析法
    ├── 平均分析法
    ├── 分组分析法
    └── 立体分析法
```

4.1 思维模式

数据分析师在分析一个问题的时候，往往会遇到很多复杂的数据资料，这个时候就需要数据分析师有自己的分析思维模式，快速决定处理方式。

4.1.1 养成分析思维模式

不管是数据分析新手，还是经验老到的数据分析师，养成良好的分析思维模式都是很有必要的，良好的分析思维习惯可以让数据分析师避免一些简单的错误。

思维缺失可能会让数据分析师在分析问题的时候感到迷茫，不知道从何处下手。例如：问题出在哪里？为什么会出现这种问题？我这么做方法到底对不对？结果是不是正确的？等等，如图4-1所示。

图4-1 数据分析师经常遇到的思维问题

数据分析师在平时处理问题时要学会吸取经验，总结出自己的一套分析思维模式，锻炼自身分析能力。一般要养成3种核心数据分析思维模式，具体如图4-2所示。

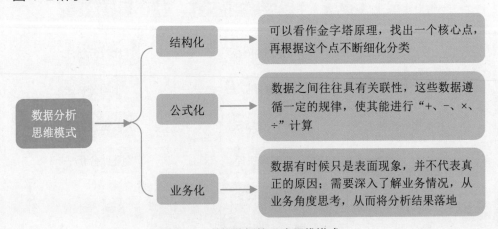

图4-2 数据分析的3大思维模式

专家提醒

　　数据分析师增加业务思维的方法：贴近业务，深入了解业务；换位思考；累积经验。

4.1.2　培养数据分析能力

　　数据分析能力可以体现一个数据分析师的自身价值。对于企业来讲，数据分析师的数据分析能力是非常重要的。

　　数据分析师在经过多年的实战后，锻炼了比较强的数据分析能力，积累了丰富的实战经验，使其能快速地得出正确的分析结果，能使企业管理者做出正确的决策判断，可以给企业带来不可限量的利润。数据分析师需要具备以下 4 点数据分析能力，如图 4-3 所示。

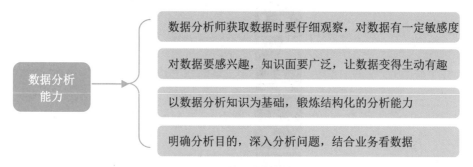

图 4-3　数据分析能力

　　我们以一个节目来说，当一个节目都是每周六晚播出时，可以看两次的播放量是不是差不多，是不是有流量高峰期。例如"快乐大本营"，我们可以通过视频 APP 的播放量来看，当播放量高的时候，节目里面增添了哪些比较受大众所喜爱的游戏活动等。

　　下面以百度搜索指数趋势图为例，如图 4-4 所示。

　　从近半年 (2018 年 5 月 20 日—2018 年 11 月 15 日) 的一个搜索趋势来看，可以看出 2018 年 8 月 19 日，搜索指数达到了一个高峰，那么我们就可以看看这一期节目请了哪些嘉宾。

　　如图 4-5 所示，从手机 APP 上可以看到，2018 年 8 月 18 日的播放量有上亿次，再看下标题就知道是请了《延禧攻略》剧组的嘉宾，我们联想到《延禧攻略》可能是此期间的热播剧。

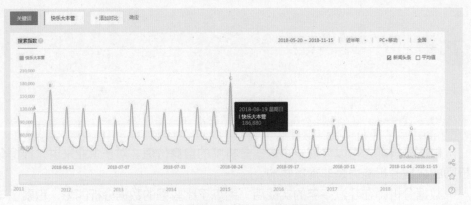

图4-4 "快乐大本营"搜索指数趋势

图4-5 "快乐大本营"高峰值详情

我们可以根据节目的播放量找出近期的实时热点话题，把前期的数据都列出来，然后再进行对比分析，把可能导致这个现象的因素都找出来，逐个排查筛选，深入分析观察数据变动背后的因素。

专家提醒

培养数据分析师的能力，简单来说就是培养："理论＋实践"的能力，实践出真知。严谨的分析知识可以让数据分析师的结论更具有说服力。

4.1.3 打造创新性分析思维

创新性分析思维，指的是打破传统的分析思维，不局限在固有的思维模式中，从事物新的角度出发，用新的方式去思考分析，如图 4-6 所示。

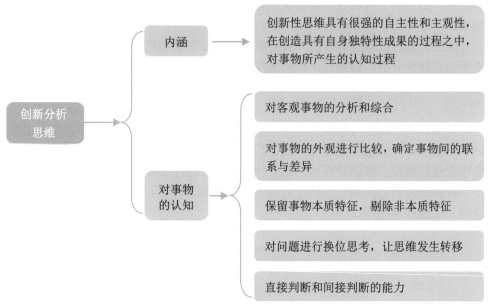

图 4-6 创新性分析思维的内涵及对事物的认知

创新性思维还有 3 种比较常见的模式，如图 4-7 所示。

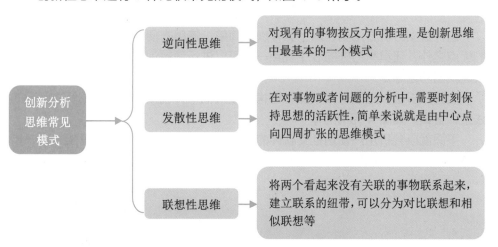

图 4-7 创新性分析思维的 3 种常见模式

4.2　摆正思路

不管是初出茅庐的数据分析员，还是经验丰富的数据分析师，理清分析思路都是非常重要的，只有在分析数据之前理清思路，才能更好地将数据有效地运用起来。

因此，当进行数据分析时，需要有数据方法论的引导，这样既能帮助数据分析师做好数据分析前期规划，又能确保数据分析结果的正确性以及有效性。

4.2.1　七何分析法

数据分析师在进行数据分析时，很容易偏离之前确定的分析目的，从而出现数据不准确、分析结果实用性不强、影响企业在某些方面的决策等问题。为了避免出现这些情况，数据分析师在进行分析之前应选好正确的分析方法。

在数据分析方法中，七何分析法可以说是最容易学习和实用性比较强的方法之一，如图 4-8 所示。

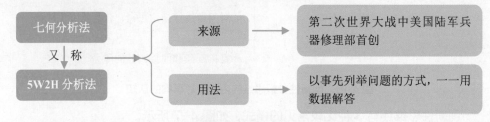

图 4-8　七何分析法

这种数据分析方法论，除了具有操作简单、使用方便、易于理解、快速上手的优点之外，还具有另外的 3 个优点——可以进行逻辑训练、富有启发意义、能快速找出问题等。

七何分析法，是以 7 个英文单词构建提问框架，利用数据来挖掘解决问题的线索即答案，如图 4-9 所示。

下面就以分析用户使用社交软件的习惯为例，建立一个粗略的框架，进一步了解七何分析法的操作，如表 4-1 所示。

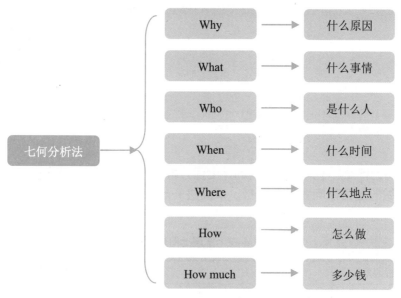

图 4-9 七何分析法的内容

表 4-1 用七何分析法分析用户使用社交软件的习惯

分析因素	分析问题	
Why	用户使用社交软件的原因是什么？ 社交软件有哪些功能比较吸引用户的注意力？	
What	社交软件需要向用户提供什么产品与服务？ 社交软件满足了用户哪些需求？	
Who	主要用户群体是哪些？ 用户具有哪些特点？	根据问题，寻找对应的数据，对号入座，即可得到有效的答案
When	用户会在什么时候使用社交软件？ 用户会在何时下载社交软件？	
Where	用户会在哪里使用社交软件？ 用户会在哪里下载社交软文？	
How	用户是怎样下载社交软件的？ 用户是如何进行消费的？	
How much	用户在社交软件上的消费是多少？	

专家提醒

　　数据分析师通过七何分析法，一一将问题列举出来，就如表4-1一样，构建一个分析用户使用社交软件习惯的框架："使用原因→功能类型→产品服务→用户需求→用户群体→用户特点→使用时间→下载时间→使用场景→下载位置→下载方式→消费习惯→消费数量"，选择对应的数据，通过分析数据得出有效答案。

　　不同的行业、不同的分析目的，七何分析法对应的问题也就不同，数据分析师需要做的是具体问题具体分析。下面进一步扩展七何分析法的分析操作，如表4-2所示。

表4-2　扩展七何分析法

分析因素	分析问题
Why	为什么要做，目的是什么？ 为什么要这样做，是否可以优化？ 为什么要这样做，是否有其他做法？
What	需要做什么？ 需要预防什么？ 需要准备什么？
Who	由谁来做？ 谁才是主角？ 由谁来协助？
When	什么时间开始？ 什么时间结束？ 什么时候，做什么？
Where	在什么地方做？ 什么地方做最好？ 什么地方开始做？
How	怎么做？ 怎么做才是正确的？ 怎么做才能提高效率？
How much	能节约多少成本？ 量化的目标是什么？ 要花费的费用是多少？

总之，七何分析法的实用性是比较强的，如图 4-10 所示。

图 4-10　七何分析法的实用性

4.2.2　演绎树分析法

数据分析师在运用演绎树分析法进行数据分析工作时，需要尽可能地将所有与数据分析目的相关的问题，分层次地罗列出来，这样便于找出与问题相关联的所有项目，如图 4-11 所示。

图 4-11　演绎树分析法

数据分析师若想运用演绎树分析法进行数据分析的工作，就必须记住 3 个要点，如图 4-12 所示。

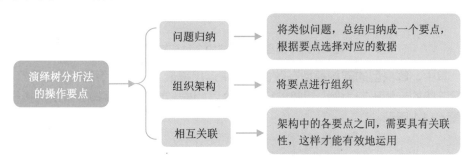

图 4-12　演绎树分析法的 3 要素

专家提醒

　　演绎树分析法能够帮助数据分析师理清分析思路，从而避免重复和进行无关的思考，更好地将一个已知问题进行细分，并确定问题解决的优先顺序，把控解决方案的实用性。

　　演绎树分析法具有3种架构模型，如图4-13所示。

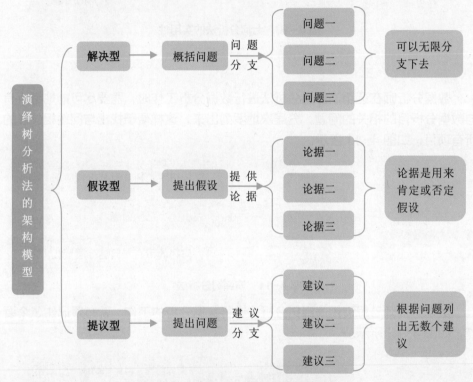

图4-13　演绎树分析法的3种架构模型

　　其中，解决型的架构模型在数据分析中运用得最为广泛。下面就以公司产品销量下降的专题研究为例，粗略进行问题分层，进一步了解演绎树分析法的操作，如图4-14所示。

专家提醒

　　虽然演绎树分析法能将问题进行分层，但还是难以避免问题遗漏的情况。因此，在使用演绎树分析法构建数据分析思路时，需要将相关问题扩展。

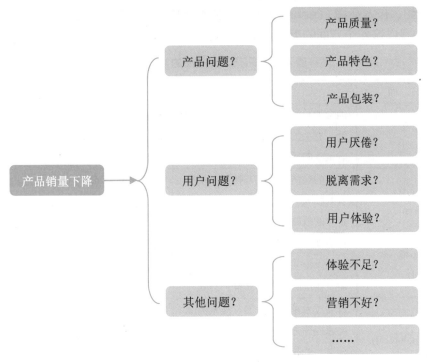

图 4-14　用演绎树分析法进行公司产品销量下降的专题研究

4.2.3　PEST 分析法

环境对于企业来说是必须宏观把控的一大要素。企业的走向、产品的发布、营销的手段等方面，都需要通过环境的把控来进行调整，以便跟上新时代的步伐。

PEST 分析法是专门针对宏观环境把控的一种数据分析方法，如图 4-15 所示。

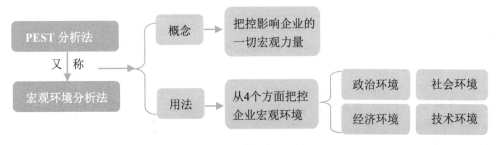

图 4-15　PEST 分析法

PEST 分析法是从政治环境 (Political)、经济环境 (Economic)、社会环境

(Social)、技术环境 (Technological) 这 4 个方面把控企业所涉及的宏观环境，并且也是以这 4 个方面的英文首字母命名的，如表 4-3 所示。

表 4-3　PEST 分析法的 4 个方面

方　面	涉及面	关键指标
政治环境 (Political)	国家的政治制度与体制，政府方针，有关的法律法规等方面能影响企业的运作与利润	产业政策、政治体制、政府管制、财政政策、劳动保护法、税法、利率等
经济环境 (Economic)	国家的经济制度以及情况，消费者的收入、就业率等方面能影响企业的战略性决策	利率水平、GDP 的变化发展趋势、居民收入水平、失业率、劳动生产率、市场需求状况等
社会环境 (Social)	社会现象、民族特色、文化传统、教育水平、风俗习惯等方面能影响企业产品的种类和推广方式	居民生活方式、受教育的情况、年龄层次、性别比例、消费习惯、道德观念等
技术环境 (Technological)	有关技术领域的发展，技术商品化速度等方面能影响企业的产品开发、产品发展走向	新技术的发展趋势、新技术的传播速度、商品化速度、国家重点培养的项目等

 专家提醒

　　PEST 分析并不是一成不变的，它还能进行变形，例如变成 SLEPT 分析、STEEPLE 分析等。

　　下面以分析中国网络服装行业为例，粗略了解其涉及的宏观环境，进一步了解 PEST 分析法的操作，如表 4-4 所示。

表 4-4　PEST 分析法的 4 个方面

政治环境 (Political)	国家出台哪些产业规划政策？是否被支持？ 未来 3 年的销售收入情况是怎样的？是否呈现增长？ 有哪些相关法律？是否需要调整相关企业内部制度？
经济环境 (Economic)	根据经济现状分析，是否有发展潜力？ 掌握消费趋势，是否符合消费者的需求？ 根据消费者的居民可支配收入，产品价格是否合理？

续表

社会环境 (Social)	掌握目标用户的年龄层次、性别、爱好、对行业的需求； 明确网络用户与实体用户之间是否有区别； 了解目标用户的购买习惯、教育状况
技术环境 (Technological)	了解服装方面的新设计、新理念； 了解商品化速度以及发展趋势； 国家重点支持项目

专家提醒

在运用 PEST 分析法进行宏观环境把控时，并不是一成不变的，而是需要根据实际情况，将 4 个方面涉及的相关关键指标一一罗列出来。

4.2.4 金字塔原理

数据分析与写文章其实有异曲同工之妙，都需要通过比较清晰的逻辑结构来展现其应有的价值。因此，数据分析师在进行数据分析工作前，应尽量在数据与分析目的之间，建立一个逻辑性比较强的桥梁，只有这样，分析出来的结果才是有价值的。

在数据分析方法中，金字塔原理可以说是建立逻辑关系比较强的方法之一，如图 4-16 所示。

图 4-16　金字塔原理

专家提醒

在数据分析方法中，金字塔原理是一个清晰展现逻辑思路的有效方法，它能帮助数据分析师进行创造性思考，清晰地挑选出有价值的数据与结论。

数据分析师在运用金字塔原理时，需要重点突出数据分析的目的，即中心论点，然后有2～6个分目的支持，即分论点，而这些分析目的还能被2～6个分析依据所支持，即论据，持续延伸形成金字塔的形状，如图4-17所示。

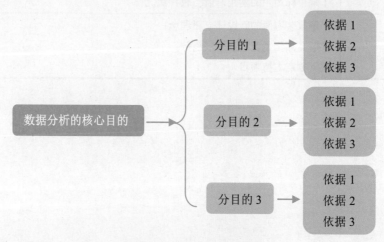

图4-17　金字塔原理的模型

通过金字塔原理模型，可以看到：

- 从目的→依据将数据进行逻辑排列，有效地组织起来，为数据分析操作构建一个雏形。
- 从依据→目的来看，若是依据能解释目的，那么分析出来的结果实用价值比较大。
- 在金字塔原理中，其数据分析的核心目的有且只有一个。
- 从目的→依据来看，便于通过数据实现分析目的。

下面以分析产品销量增长过慢的原因为例，进一步了解金字塔原理的应用，如图4-18所示。

专家提醒

数据分析师在运用金字塔原理时，一定要围绕中心目的来展开逻辑推理，只有这样数据之间才会有联系，分析出来的结果才会有依据。

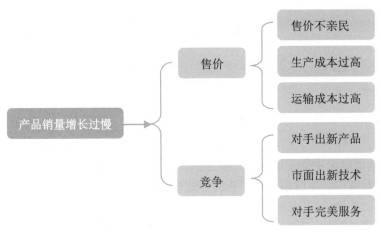

图 4-18　金字塔原理的模型

4.2.5　4P 营销理论

对于企业来说，业务数据是必须要进行分析的，只有通过分析业务数据，才能了解企业业务的业绩情况，如图 4-10 所示。

4P 营销理论最早出现在 1960 年左右出版的《营销学》一书中，主要内容是通过 4 个要素的相关数据进行企业业务指导。

4P 营销理论由产品 (Product)、价格 (Price)、渠道 (Place)、促销 (Promotion) 4 个要素组成，如表 4-5 所示。

表 4-5　4P 营销理论的 4 要素

要　素	解　释
产品 (Product)	产品可以是人，也可以是物；可以是有形的，也可以是无形的。总之，能够让人们使用，进行消费，以及满足人们的某些需求，能为企业产生利润的东西就可以命名为产品
价格 (Price)	价格是企业为产品定的售价，是消费者购买产品时需要花费的费用
渠道 (Place)	产品从生产车间辗转到消费者的手上，经历的所有过程，皆是销售渠道，例如运输商、分销商、销售商等
促销 (Promotion)	企业通过一些促销活动，来吸引消费者购买，提高品牌形象等，例如买一送一、特价销售等

影响 4P 营销理论中价格的因素有 3 个方面，如图 4-19 所示。

图 4-19　影响价格的因素

4P 营销理论中的促销要素一般是由 3 个方面组合起来的，具体如下：

一是做推广，可以根据打广告的形式来进行促销；

二是做宣传，可以分为线上宣传和线下人员推销；

三是短期销售，可以做一些特价活动，例如用买一送一的形式来实现一个短期的销售目标。

这些方面的最终目的都是吸引消费者的目光，激发消费者的购买欲望，达成销售。

专家提醒

4P 营销理论是一种专门为数据分析进行指导的数据分析论，能让数据分析师全面地了解企业整体的运营情况，能轻易搭建起企业业务分析的框架。

下面就以企业业务分析为例来进一步了解 4P 营销理论的分析模板，如图 4-20 所示。

专家提醒

4P 营销理论的分析模板，只是一个概括性的展示，数据分析师在运用 4P 营销理论时，需要具体问题具体分析，根据自身企业的业务关系，进行有效的部署。

图 4-20　4P 营销理论的分析模板

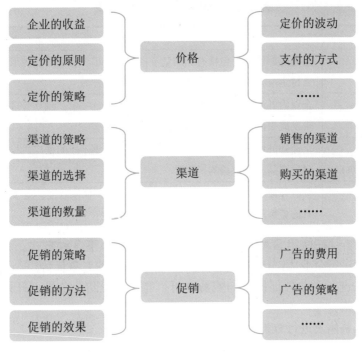

图 4-20　4P 营销理论的分析模板（续）

4.2.6　SWOT 分析法

对于企业而言，了解自身的竞争优势是非常重要的。因此，企业需要通过现有的数据进行分析，来了解自身状况，如竞争优势、劣势、机会、威胁等。而在数据分析方法中，SWOT 分析法能将企业的战略与公司内部资源、外部环境有机地结合起来，为企业部署可靠的竞争战略，如图 4-21 所示。

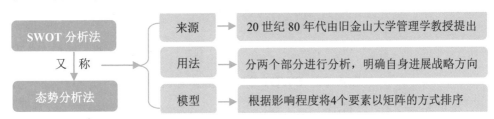

图 4-21　SWOT 分析法的分析概念

SWOT 分析法由优势 (Strengths)、劣势 (Weaknesses)、机会 (Opportunities)、威胁 (Threats)4 个要素组成，如表 4-6 所示。

表 4-6 SWOT 分析法的 4 要素

要 素	解 释
优势 (Strengths)	企业内部优势，包括有利的竞争模式、受用户喜爱的品牌形象、足够支持企业特色的技术、产品质量良好的美誉等
劣势 (Weaknesses)	企业内部劣势，包括跟不上时代、缺乏特色技术、制度管理不清晰、研发成果落后、资金不够运转、竞争力差等
机会 (Opportunities)	企业外部机会，包括新产品的开发、新营销手段的推广、根据新需求研发产品、新市场的出现等
威胁 (Threats)	企业外部威胁，包括同质化产品剧增、用户需求改变、竞争对手崛起、新的竞争对手出现等

数据分析师在使用 SWOT 分析法时，可以运用以下 3 种方式。

● 只进行企业内部优势与劣势分析，了解自身的竞争优势。

● 只进行企业外部机会与威胁分析，能让企业防范危机，开辟新的发展道路。

● 从整体上进行分析，从而制定竞争战略。

一般来说，运用最多的就是从整体上进行分析，而且只有这种方式能依照矩阵形式排列。

下面进一步了解 SWOT 分析法的整体运用模式，如图 4-22 所示。

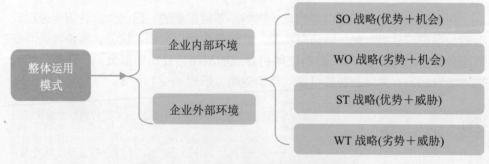

图 4-22 SWOT 分析法的整体运用模式

根据图 4-22 可以看出：

● SO 战略是优势与机会的组合，能指出企业发展的最大限度。

● WO 战略是劣势与机会的组合，能利用机会来回避弱点。

● ST 战略是优势与威胁的组合，能让企业利用优势来减轻威胁。

● WT 战略是威胁与劣势的组合，能让企业明确认识到自己的不足。

总的来说，SWOT分析法中的4要素之间有比较密切的关系，如图4-23所示。

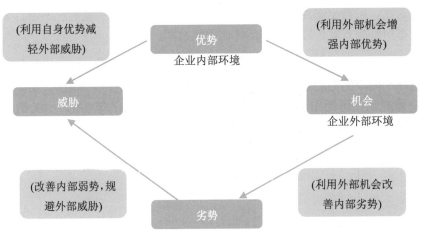

图4-23　4要素之间的关系

专家提醒

　　数据分析的方法，不止之前介绍的6种，还有用户行为理论、生命周期理论、STP理论等。方法有很多，需要数据分析师根据自身需要，选择一个合适的方法，才能有效地开展数据分析工作。

4.3　应用分析

　　数据分析师只掌握数据分析方法论是不够的，还需要了解数据分析方法，才能将数据有效地运用起来。可以这么理解，数据分析方法论是指引数据分析师进行分析工作的引导线，而数据分析方法就是数据分析师实操的手段。

4.3.1　比较分析法

　　在数据分析中，比较分析法是一种简便的、能快速分析出结果的一种分析方法。比较分析法又称为对比分析法，它是将两个或者两个以上的数据进行对比分析，以找出差异的分析方法。

　　数据分析师可以通过比较分析法直观地分析出事物某些方面的差异或变动，并且可以通过数据量化出变动所产生的差距，从而针对差距进行调整。

　　下面就来看几组比较分析法的模板，如图4-24所示。

1. 环比

选择同年的不同时期，进行相同事物的对比。例如图 4-24(a)，同年不同月的销量对比，可看出本月销量比上月销量多，可见本月的销售情况不错，下月还可延续本月销售方案，或者进一步优化销售方案。

2. 同比

选择不同年的相同时期，进行相同事物的对比。如图 4-24(b)，不同年但同月的销量对比，可看出 2018 年 11 月份的销量比 2017 年 11 月份的销量有所下滑，可见企业要想在 2018 年提升销量，或许需要调整销售方案了。

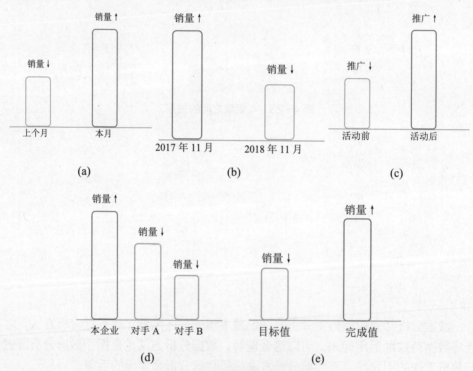

图 4-24　比较分析法的模板

3. 效果比较

活动前后进行对比，能分析出活动开展的效果。例如图 4-24(c)，通过分析推广活动前后的销量，可看出推广效果非常明显，可见企业还可以持续此类推广活动。

4. 与竞争对手相比较

与行业对手进行比较，能了解自身在行业内的地位，还可以明确哪些指标是

领先或落后的，进而制定下一步的发展计划及策略。例如图 4-24(d)，通过分析同类产品的销量，来分析本企业在行业内的位置。

5. 与目标比较

实际完成值与期望目标值进行对比，能让企业即时把控。例如图 4-24(e)，通过企业实际完成销量与之前制定目标销量的比较，可见企业大大地超越了目标值，下次可以制定更高的目标值。

图 4-24 所示的比较分析法还可以划分为横向比较和纵向比较两种方式，如图 4-25 所示。

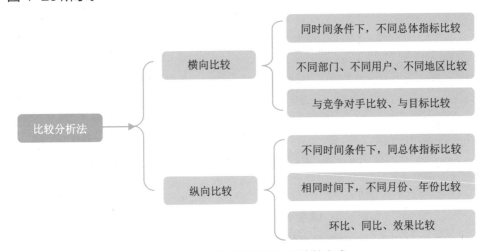

图 4-25 比较分析法的两种比较方式

数据分析师在运用比较分析法进行数据分析的时候，一定要选择具有可比性的两者或多者进行对比，这样的对比才有意义。下面就来进一步了解比较分析法的运用法则，如图 4-26 所示。

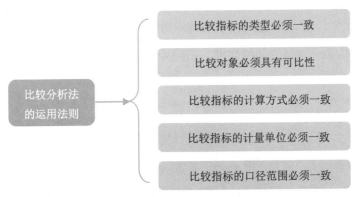

图 4-26 比较分析法的运用法则

4.3.2 平均分析法

平均分析法是指利用计算平均数的方法，反映总体在一定时间、地点条件下某一数量特征的一般水平。一般来说，数据分析中的平均分析法分为两种类型，如图4-27所示。

 专家提醒

平均分析法是数据分析师进行平均分析的一个重要手段。平均指标用于反映在某一空间或时间上的平均数量状况，也称为平均数。

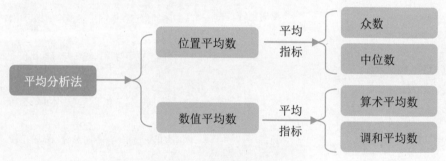

图4-27　平均分析法的类型

在数据分析中，运用得最多的就是算术平均数，它是非常重要的基础性指标，其计算公式如图4-28所示。

图4-28　算术平均数的计算公式

算术平均数还被分为两种类型，如图4-29所示。

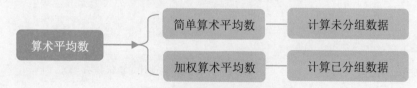

图4-29　算术平均数的类型

下面就来列举两个例子，进一步了解简单算术平均数与加权算术平均数的用法。

【例子 1】

分析 A 生产车间 3 名工人在 2018 年 1 月 1 日的平均日生产量是多少，接着分析 A 生产车间 3 名工人在通过学习提高生产效率的办法后，2018 年 2 月 1 日平均日生产量是多少，如表 4-7 所示，与之对比看生产效率是否有所提高。

表 4-7　A 生产车间的生产数据

工　人	2018 年 1 月 1 日	2018 年 2 月 1 日
工人 A	15(件)	20(件)
工人 B	20(件)	25(件)
工人 C	22(件)	30(件)

分析操作：

简单算术平均数 ＝ 2018 年 1 月 1 日平均每人日产量 ＝ $\dfrac{15+20+22}{3}$ ＝ 19(件)

简单算术平均数 ＝ 2018 年 2 月 1 日平均每人日产量 ＝ $\dfrac{20+25+30}{3}$ ＝ 25(件)

分析结果：

通过以上数据计算，可以分析出 2018 年 2 月 1 日每人平均能生产 25 件，比 2018 年 1 月 1 日平均每人多生产 6 件产品，可见提高生产效率的办法很有效，可以继续保持。

【例子 2】

分析 A 生产车间 3 组工人在 2018 年 1 月 1 日的平均日生产量是多少，接着分析 B 生产车间 3 组工人在 2018 年 1 月 1 日的平均日生产量是多少，如表 4-8 所示，与之对比，看哪个生产车间的生产效率高。

表 4-8　A 生产车间与 B 生产车间的数据

A 车间工人数	按日产量分组（件）	B 车间工人数	按日产量分组（件）
5	10(件)	5	15(件)
10	20(件)	15	35(件)
15	30(件)	10	25(件)

分析操作：

| 加权算术平均数 | = | 2018年1月1日A车间平均工人日产量 | = | $\dfrac{10×5+20×10+30×15}{5+10+15}$ | = | 23（件） |

| 加权算术平均数 | = | 2018年1月1日B车间平均工人日产量 | = | $\dfrac{15×5+35×15+25×10}{5+10+15}$ | = | 28（件） |

分析结果：

通过以上数据计算可以分析出，B车间在2018年1月1日每人平均能生产28件，比A车间平均每人多生产5件，可见B车间生产产品的效率比A车间高，A车间可以向B车间学习，以提高生产效率。

专家提醒

通过以上两个案例可以直观地感觉到，平均分析法的操作比较简单，并且平均分析法需要结合比较分析法才能分析出结果，只有对所有数量指标进行比较与分析，才能发挥最理想的用处。

平均分析法在数据分析中的作用大致归为两点。
- 用来比较同类企业、产品、服务之间的差距。
- 企业所生产的产品可以在不同的时间段进行比较，用来说明现象的发展趋势和规律。

4.3.3　分组分析法

分组分析法就是根据数据分析对象的特征，按照一定的指标，将对象划分成不同的类别进行分析，以便深入了解数据分析对象的内部结构、现象之间的依存关系。

一般来说，分组分析法有常见的3种分组方式：数量分组、关系分组和质量分组。这三种方式可以结合使用，并且分组时需遵循两大原则，如图4-30所示。

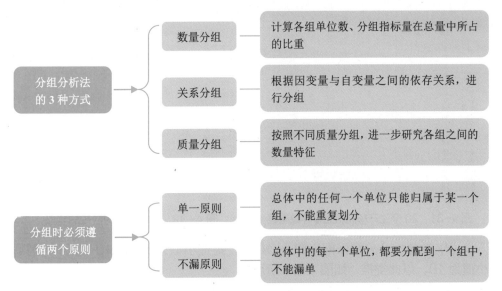

图4-30　分组分析法的 3 种方式及原则

专家提醒

　　分组分析法一定要和比较分析法联用；只有这样才能将总体数据中的不同性质的对象分开，将相同性质的对象分在一起，以便运用其他数据分析方法进行分析，从而达到分组的目的。

在 Excel 中，可以运用 VLOOKUP 函数和 IF 函数，将数据快速分组：

● VLOOKUP 函数，函数嵌套层数无限制，可一步到位。

● IF 函数，在 Excel 2003 版本中只能嵌套 7 层，而在 2007 到 2010 版本中可以嵌套 64 层，超过嵌套范围，则难以完全分组。

下面以 20 个生产车间的次品零件数量为例，运用 VLOOKUP 函数对数量进行区间划分，其操作如下。

(1) 打开 20 个生产车间次品零件数量表，如图 4-31 所示。

(2) 在 D、E、F 区域做一个分组对应表，在 D 下方❶设置"最小值"；在 E 处❷设置"分组"，记录分组名称；在 F 处❸设置"备注"，记录分组区间，如图 4-32 所示。

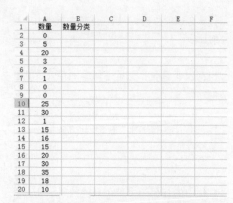

图 4-31　20 个生产车间次品零件数量表

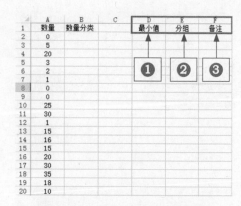

图 4-32　填入分组对应表的字段

（3）设置一个分组区间，如 5-10 个，则最小值为 5；如 10-15 个，则最小值为 10，以此类推，如图 4-33 所示。

（4）在 B2 单元格内，输入"VLOOKUP(A2,$D$2:$E$6,2)"后，按 Enter 键，即可将 A2 分到"0-5"组中，如图 4-34 所示。

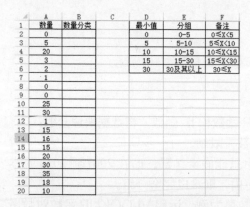

图 4-33　将分组对应表制作完成

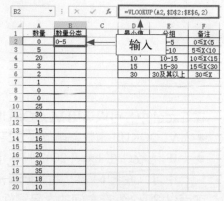

图 4-34　分组 A2 单元格

专家提醒

下面介绍 VLOOKUP(A2,$D$2:$E$6,2) 公式的含义：

- "A2"是需要分组的数值。
- "$D$2"是 A2 数值所体现的最小值。
- "$E$6,2"是在分组对应表中选定全部分组范围即"$E$6"，并选择 A2 最接近的区间范围，即"E2"。

(5) 将鼠标指针放在 B2 单元格的右下角，出现"加号"后，再按住鼠标左键向下拖曳至 B20 单元格，即可实现快速套用分组公式，如图 4-35 所示。

(6) 快速套用分组公式后，即可完成分组，如图 4-36 所示。

	数量	数量分类		最小值	分组	备注
1	数量	数量分类		最小值	分组	备注
2	0	0-5		0	0-5	0≤X<5
3	5			5	5-10	5≤X<10
4	20			10	10-15	10≤X<15
5	3			15	15-30	15≤X<30
6	2			30	30及其以上	30≤X
7	1					
8	0					
9	0					
10	25					
11	30					
12	1					
13	15					
14	16					
15	15					
16	20					
17	30					
18	35					
19	18					
20	10					

图 4-35　快速套用分组公式

	数量	数量分类		最小值	分组	备注
1	数量	数量分类		最小值	分组	备注
2	0	0-5		0	0-5	0≤X<5
3	5	5-10		5	5-10	5≤X<10
4	20	15-30		10	10-15	10≤X<15
5	3	0-5		15	15-30	15≤X<30
6	2	0-5		30	30及其以上	30≤X
7	1	0-5				
8	0	0-5				
9	0	0-5				
10	25	15-30				
11	30	30及其以上				
12	1	0-5				
13	15	15-30				
14	16	15-30				
15	15	15-30				
16	20	15-30				
17	30	30及其以上				
18	35	30及其以上				
19	18	15-30				
20	10	10-15				

图 4-36　完成分组

专家提醒

　　VLOOKUP 函数是用模糊匹配将小于或等于值匹配出来的一种函数，例如 A4 的数值为 20，其所在分组应该找寻小于 30 或者大于 15 的区间，即分组下的"15—30"正好符合。

4.3.4　立体分析法

数据分析师在进行数据分析时，有时需要分析两个变量之间的关系，例如地区与销量之间的关系，若用计算机进行计算是不专业的，并且效率非常低。而数据分析方法中的立体分析法是一种专门解决此类问题的分析方法，如图 4-37 所示。

图 4-37　立体分析法

下面以分析 A、B、C 这 3 个地区，2018 年 1 月与 2 月，3 种蔬菜之间的变量关系为例，进一步了解立体分析法的操作。

(1) 在 Excel 2016 中，打开 2018 年 1、2 月份 A、B、C 这 3 个地区的蔬菜销量表，如图 4-38 所示。

 专家提醒

图 4-38 所示的表格，可称为一维表。一维表的列标签是字段，例如"月份""地区"等，且表中每个字段只对应一个取值。值得注意的是，在实际操作中，需要以一维表的格式进行存储。

(2) 在菜单栏上❶单击"插入"菜单；❷单击"数据透视图"按钮，如图 4-39 所示。

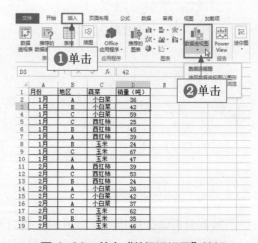

图 4-38　蔬菜销量表　　　　　图 4-39　单击"数据透视图"按钮

(3) 选择"数据透视图和数据透视表"选项，如图 4-40 所示。

(4) 在弹出的"创建数据透视表"对话框的"表/区域"文本框中，填入需要变成二维表的区域，即"Sheet! \$A\$1:\$D\$19"，如图 4-41 所示。

(5) ❶选中"现有工作表"单选按钮；在"位置"文本框中，❷输入放置二维表的位置，即"Sheet! \$F\$3"；❸单击"确定"按钮，如图 4-42 所示。

(6) 在弹出的"数据透视图字段"对话框中，勾选"地区""蔬菜""销量（吨）"复选框，如图 4-43 所示。

(7) ❶用鼠标拖动"蔬菜"字段；然后❷单击"叉号"符号×，如图 4-44 所示。

图 4-40 选择"数据透视图和数据透视表"选项

图 4-41 选择区域

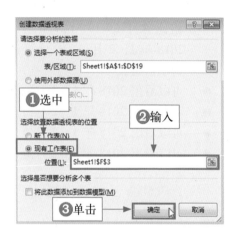

图 4-42 选择放置位置

图 4-43 勾选需要的字段

图 4-44 拖动字段

专家提醒

在"创建数据透视表"对话框中，还可以单击"选区"按钮🖼️选择单元格区域，节省数据分析的时间。

(8) 将一维表转化成二维表，如图 4-45 所示。

通过图 4-45 中的二维表可以分析出：

求和项:销量（吨）	列标签 ▼			
行标签 ▼	西红柿	小白菜	玉米	总计
A	78	62	93	233
B	69	79	59	207
C	78	101	129	308
总计	225	242	281	748

图 4-45　二维表制作完成

- C 地在 2018 年 1、2 月份，小白菜的销量共 101(吨)，与 A 地在 2018 年 1、2 月份，小白菜的销量相比多了 39(101-62) 吨，可见在 2018 年 1、2 月份，C 地更适合销售小白菜。
- 可以看出 2018 年 1、2 月份，不同地区不同蔬菜的销量。
- 可以看出 2018 年 1、2 月份，相同地区不同蔬菜的销量。
- 可以看出 2018 年 1、2 月份，不同蔬菜所有地区的销量。
- 可以看出 2018 年 1、2 月份，所有地区所有蔬菜的总销量。

专家提醒

在运用立体分析法时，通过列与行的交叉结点才能快速获得分析结果。例如在图 4-45 中，C 所在的一行与小白菜所在的一列交叉处的数值为 101，于是可知，C 地在 2018 年 1、2 月份的小白菜产量为 101 吨。

第5章

运营：为什么要运用数据分析

在互联网大数据的不断更新中，数据分析已经不单单是企业的事情了，网站运营者也需要具有数据分析的能力。作为运营者，不仅要有策划能力，更要有数据分析的能力，通过分析竞争对手的数据，分析同行业的数据，来决策网站运营的发展。

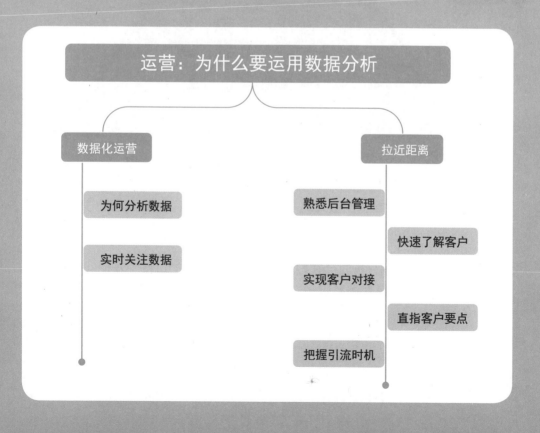

5.1 数据化运营

不管是哪个行业，在大数据时代的背景下，企业要想经营好网站及产品，就需要用"数据"来说话，数据化的呈现往往会比口头讲述更具有说服力。

5.1.1 为何分析数据

数据分析现已成为网站运营人员、平台运营人员不可缺少的一项技能。运营者为什么需要进行数据分析呢？因为进行网站数据分析，可以清楚客户动态，实时了解用户需求，才能把握公司的运营方向。

运营者进行数据分析具体可以带来什么好处？如图 5-1 所示。

图 5-1　数据分析带来的好处

一个网站或者平台的成功，与每个部门的联系是密不可分的，和数据分析更是脱不开关系。网站经营的最关键人员便是网站运营者了，运营者的任务就是实时抓取网站运营动态，根据技术部门提供的数据进行整理分析，再把分析得出的结果运用在实际中。

网站在进行数据分析时会在数据搜集、数据统计的过程中发现问题，这对于网站的营销推广具有参考价值。网站数据分析的作用主要有以下 4 点，如图 5-2 所示。

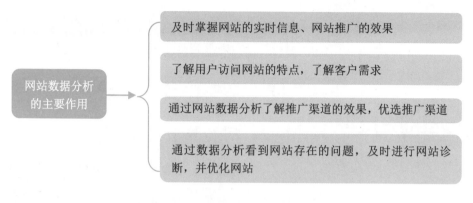

图 5-2　网站数据分析的主要作用

不会做数据分析的运营者，不是好的网站运营者，作为运营人员需要掌握哪些技能？如图 5-3 所示。

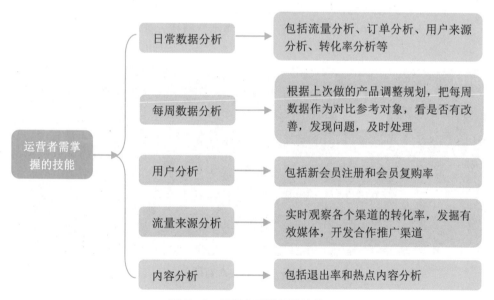

图 5-3　运营者需掌握的技能

网站运营者面对庞大的数据，不能仅依靠计算器或者是感觉来分析，还得依靠数据分析工具帮助完成数据分析工作。下面简单介绍 4 种网站数据分析工具，如图 5-4 所示。

图5-4 网站数据分析工具

下面就以51.LA为例，介绍如何进行网站数据分析，操作如下。

(1) 进入"51.LA"官网，单击"功能演示"链接，如图5-5所示。

图5-5 51.LA官网

(2) 进入功能演示页面，❶单击"SEO数据"；❷输入想要查询的域名，单击"确定"按钮，如图5-6所示。

(3) 输入域名后，可以看到到搜索引擎收录的页数以及PR数据，还可以看到Alexa排名变化，如图5-7所示。

(4) ❶单击"流量分析"；❷单击"趋势分析"，可以看到网站的流量概况，以及趋势分析，如图5-8所示。

图5-6　添加域名

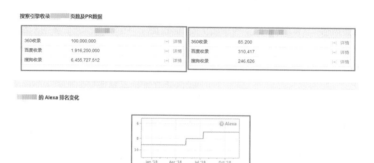

图5-7　输入网站域名

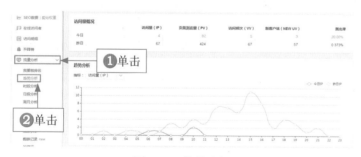

图5-8　趋势分析

从图5-8中可以看到，该网站的昨日访问量是67，页面浏览量是424，访问频次是67，新客户端是57，对比今日的访问数据，明显昨天的流量是比较多的。

从流量趋势上来看，上午的访问量都不是很高，访问量集中在12～16点，这说明访客都习惯在下午时间段浏览网站。运营者可以根据这个规律，制订相应的运营计划。

专家提醒

除了流量分析，51.LA 还提供了在线访问人数、访问明细、内容分析、访问者信息等功能，网站运营者可以进入相关的页面，查看完整的数据分析，然后根据这些数据，整理数据分析报告，预判网站发展的趋势，给出具体的改进措施。

5.1.2 运营者实时关注数据

实时数据可以反映网站实时的访客浏览概况，如果出现异常情况也方便第一时间发现并解决问题，在数据化的时代，运营者需要关注的指标非常多，如网站的 PV、UV、转化率、访问来源、访问行为等。

网站管理者要想知道自己网站的实时数据，可以从 3 个要点进行分析，如图 5-9 所示。

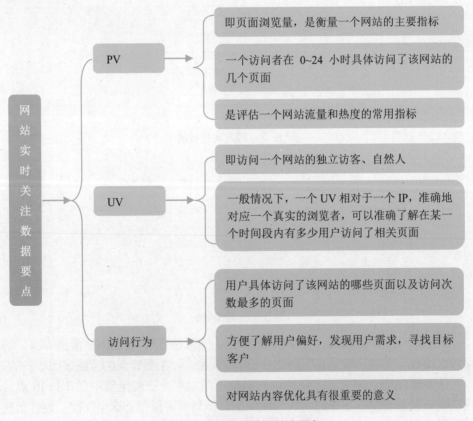

图 5-9　网站实时数据关注要点

专家提醒

  网站页面浏览量 (PV) 可以进行累积，例如某一用户对网站的每一个页面进行访问，均可以被记录一次，若在同一天内再次对同一页面进行多次访问，那么该用户的访问次数可以累积。

  独立访客 (UV) 只记录第一次进入某一个网站并且具有独立 IP 的访问者，访问网站的次数不能进行累积。

  数据分析是一种能力，关注网站的实时数据，有助于运营者及时观察网站数据的异常变化，关注网站的访问用户数、访问内容、访问来源，这些对网站平台运营具有重大的意义。

  例如：若某一页面出现访客数极少或者为零的情况，那么运营者就需要注意了，首先看下该页面是不是可以正常运作，其次看下网页的内容是否满足用户的需求，根据分析出来的数据，结合运营者的经验再对网站进行优化。当网站流量出现数据异常的时候，通常有以下几点原因，如图 5-10 所示。

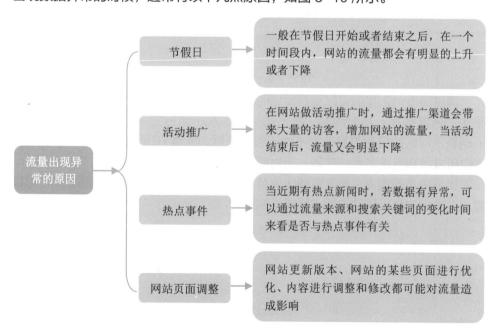

图 5-10　流量出现异常的原因

  下面就以腾讯网站的数据变化为例来对网站进行流量分析。首先进入 Alexa 官网，❶输入需要查询的网站；❷单击"流量分析"按钮，如图 5-11 所示。

图 5-11　Alexa 官网

通过搜索需要查询的网站，来看网站的流量分析，如图 5-12 所示。

网站流量 以下UV&PV数据为估算值，非精确统计，仅供参考				
访问量	当日	周平均	月平均	三月平均
UV	203840000	201600000	200928000	198368000
PV	766438000	772128000	769554000	759749000

图 5-12　网站流量分析

通过图 5-12 我们可以看到网站的当日流量，以及周平均、月平均和三个月平均的流量数据。当日的 UV 数据是 2 亿多次，当日的 PV 数据是 7 亿多次，说明腾讯网站的日常流量非常不错，因为页面浏览量(PV) 数据是可以累积的，所以可以得知有很多用户在同一天对腾讯网站进行了多次访问。

接下来再看国家 / 地区访问比例分析，如图 5-13 所示。通过图 5-13 可以看出，中国对腾讯网的访问占比是最高的。

国家/地区访问比例			
国家/地区名称	国家/地区代码	网站访问比例	页面浏览比例
中国	CN	92.1%	92.7%
日本	JP	3.0%	2.9%
美国	US	1.8%	1.9%
韩国	KR	0.8%	0.9%
其他	OTHER	2.3%	1.6%

图 5-13　国家 / 地区访问比例

接下来看腾讯网的下属站点分析，如图 5-14 所示。通过图 5-14 可以看到腾讯网站的下属站点的网站访问比例、页面访问比例以及人均页面浏览量。

被访问网站	近月网站访问比例	近月页面访问比例	人均页面浏览量
v.qq.com	30.39%	1.82%	14.40
kid.qq.com	18.09%	1.27%	6.01
news.qq.com	12.92%	1.44%	4.84
weixin.qq.com	12.36%	3.53%	11.38
██████.com	11.90%	1.19%	3.68
██████.com	11.58%	1.15%	3.49
████.com	11.55%	1.90%	5.72
████.com	9.02%	1.11%	2.62
█████.com	8.65%	1.50%	3.38
████.com	8.43%	1.59%	3.49
████.com	7.54%	1.11%	2.18
████.com	7.38%	1.00%	1.93
████.com	6.25%	1.08%	1.76

图 5-14　下属站点分析

　　腾讯网的下属站点非常多，其中访问比例最高的是"腾讯视频"网站，第二是"腾讯儿童"网站，第三是"腾讯新闻"网站，第四是"微信"。说明最受用户喜爱的是腾讯视频网站，其次对儿童教育类的网站也特别关心，访问网站的用户还比较喜欢浏览新闻。

　　通过流量占比分析，可知腾讯在视频网站这一方面做得还是比较不错的，运营者在得到这些数据之后，可以重点放在腾讯视频、腾讯新闻这类网站上，再细分客户群体，获得更加准确有效的优化方案。

　　图 5-15 所示为腾讯网的流量趋势分析，通过该图可以得知，腾讯网站的日均 UV 基本都在 8 亿左右，日均 PV 在 2 亿左右，并且可以看出明显的数据差异，在 2018 年 11 月 12 日，网站流量 UV 只有 5 亿，PV 只有 1.45 亿，出现了近半个月的最低值。

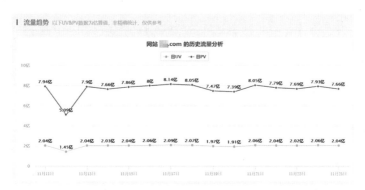

图 5-15　流量趋势分析

　　当出现这种情况的时候，运营者就需要注意了，可以看看在此期间网站发布的内容是什么，再去寻找出现流量数据异常的真正原因，例如是不是网页的页面调整前后出现的流量异常，或者是热点事件的影响等。

专家提醒

其实在很多时候，网站流量出现异常的原因是很简单的，但是却容易被运营者所忽略，以至于异常情况得不到及时解决。在进行流量分析之前，运营者首先需要知道出现数据异常的原因有哪些方面，这样对于后期的数据分析才会有的放矢。

5.2　拉近距离

不管是什么样的网站或者平台，最重要的还是用户，运营者通过对数据的观察分析，可以准确了解自己的目标用户是谁，具体有哪些用户群体。当清楚自己的用户是谁之后，就可以针对这类用户，了解他们的需求，并且制订相应的营销方案，与用户进行互动，拉近企业与用户之间的距离。

若企业的用户群体定位错误，那么不管做什么样的优化都会失败，网站的排名也上不去，更是会对网站的流量有影响。那么运营者如何获取自己的目标用户呢？大家可以从以下几个方面着手，如图5-16所示。

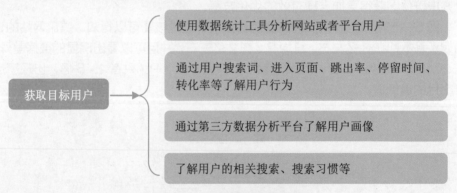

图5-16　获取目标用户的方法

下面就以微信公众平台运营为例，看看后台管理的功能。

5.2.1　熟悉后台管理

企业可以通过平台，打造自己的品牌和口碑，作为一个平台运营者，只有熟悉对后台管理功能，才能运营好前端。后台管理分为以下几类：

(1)日常管理，这是平台运营者的必修课，包括消息管理、用户管理、素材管理等。

(2) 设置管理，包括公众号的设置、人员设置、微信认证、违规记录等。

(3) 小程序管理。

(4) 推广管理，包括广告主、流量主等。

(5) 数据统计，包括用户分析、图文分析、消息分析等。

(6) 自动回复，包括被添加自动回复、关键词自动回复等。

(7) 开发模式，包括开发者工具、接口权限等。

首先，看一下微信公众平台的日常管理功能，单击消息管理，如图5-17所示。

图5-17 日常管理

❶单击"全部消息"，可以看到最近推送的文章信息；❷再单击"时间排序"，如图5-18所示。

图5-18 消息管理

通过图5-18可以了解到：

(1) 运营者发布的"全部消息"和"已收藏的消息"。

(2) 消息的排序可以分为时间排序、赞赏总额排序、留言总数排序、精选留言总数排序等。

(3) 运营者5天内发布的文字消息，其他类型的消息只保留3天。

当运营者发布的微信公众号消息数量有很多的时候，可以通过右上角的搜索栏进行搜索。

其次看看设置管理板块，单击"公众号设置"，如图5-19所示。

图5-19 单击"公众号设置"

单击设置管理板块，可以了解公众号设置的具体内容，如图5-20所示。从图5-20可以知道，公众号设置中包括账号详情、功能设置、授权管理等功能。

图5-20 "公众号设置"页面

在账号详情页面，显示了微信公众号的名称以及微信号、账号类型、公众号、认证情况等。运营者如果对平台账号有不理解的地方，就可以进入这个板块来查看信息。

在图5-19中单击"安全中心"，可以查看账号的风险情况，如图5-21所示，有账号风险保护、风险操作提醒、风险操作记录、IP白名单、修改密码等功能。开启账号风险保护后，管理者和运营者就可以直接通过扫二维码的方式登录账号群发消息，非管理员则需要通过扫码验证才可以登录。

单击"小程序管理"板块中的"添加"按钮，如图5-22所示。

图 5-21　安全中心

图 5-22　小程序管理

通过图 5-22 可以看到，小程序管理可以关联已有的小程序或者快速创建小程序，已关联的小程序还可以放在自定义菜单中，其中公众号可关联同主体的 10 个小程序和不同主体的 3 个小程序。

"广告主"是微信公众号后台中的一项重要内容，运营者可以通过❶单击"推广"管理功能进入"广告主"功能模块；❷再单击"广告主"功能，如图 5-23、图 5-24 所示。

图 5-23　推广管理

通过图 5-24 我们可以看到，广告主功能有投放管理、数据报告、人群管理、素材中心、账户管理等。在这个页面能看到账号的基础财务信息。广告投放包括

公众号广告投放和朋友圈广告投放，投放中的广告还展示了近7天的曝光量数据分析。

图5-24　广告主

再单击数据统计栏目中的"用户分析"功能，如图5-25所示。

图5-25　数据统计

进入用户分析功能后，❶单击"用户增长"；❷查看"昨日关键指标"；❸查看"新增人数"趋势图，如图5-26所示。

从图5-26中我们可以看到，用户分析功能中包括用户增长、用户属性等功能，此页面展现了公众号昨日关键指标，可以清晰地看到账号的新增关注人数、取关人数、净增关注人数、累积的关注总人数等。运营者可以通过趋势图来直观地了解关注人数变化，从图5-27中我们可以看到，该公众号在近30天的关注人数趋势变化，在2018年11月18日关注人数是增长最快的时候，其他时间段的关注

人数小有起伏，变化不是特别大，说明该公众号每天都会有新增的关注人数。

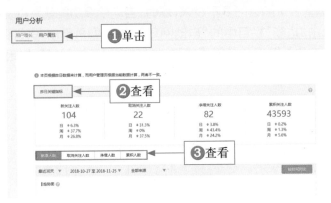

图5-26 用户分析

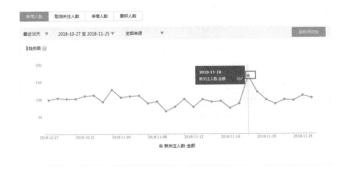

图5-27 趋势图

从用户属性中，可以了解公众号的用户画像，了解粉丝的简单信息，包括性别、语言、地域分布等信息。从图5-28中可以看到，该公众号的男性用户居多，使用中文的用户居多。

图5-28 用户属性

再来了解自动回复的功能，这个对于公众号的运营也非常重要，当私信消息过多的时候，运营者可能会回复不过来，届时，自动回复功能就可以发挥它的作用。

❶首先单击"功能"栏目中的"自动回复"功能；❷再单击"关键词自动回复"；❸输入需要查询的关键词；有需要还可以❹单击"添加回复"按钮，如图 5-29 所示。

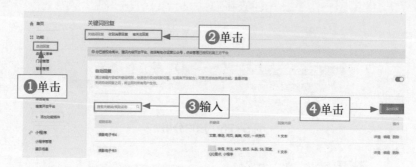

图 5-29　自动回复

从图 5-29 中我们可以了解到，自动回复功能有 3 种模式：

● 关键词自动回复。

● 收到消息自动回复。

● 被关注自动回复。

 专家提醒

　　当设置的自动回复过多的时候，可以通过搜索框搜索相应的自动回复选项，如果还需要添加新的自动回复，则可以单击右边的"添加回复"按钮。

将鼠标移到开发栏目，单击"接口权限"，了解详细内容，如图 5-30 和图 5-31 所示。

图 5-30　开发管理

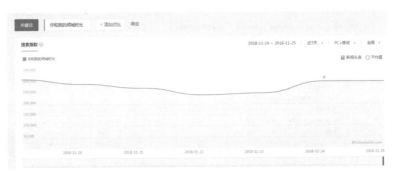

图 5-31　部分接口权限

从图 5-31 中可以看到微信公众平台的所有接口，图中展示了部分接口权限，对于类型不同的微信公众号，对应的接口权限也不相同。

运营者在了解微信公众平台的基本操作之后，观察平台的数据，及时做好备注和统计，养成分析数据的习惯，可以提高工作效率。

5.2.2　快速了解客户

要想成功运营网站或者平台，就必须了解客户的需求，而要了解客户需求，可以通过很多种途径去搜集用户感兴趣的热点数据，只有平台本身具有热点和话题，才能增加平台的粉丝和阅读量。而要想获得热点，就必须要了解热点话题的来源。

首先我们可以在百度指数上寻找信息，百度指数是当前互联网时代下最重要的数据分享平台之一，从该平台可以了解某个热点话题的热度，能够将热点话题的搜索指数以科学的图谱形式呈现出来。例如，热播电视剧《你和我的倾城时光》的搜索指数如图 5-32 所示。

图 5-32　《你和我的倾城时光》搜索指数趋势

如果同时有几个热点话题，而不知道哪一个话题更受用户所喜爱，则可以通过添加关键词进行对比。

想要了解最近的热门话题，还可以在微博上寻找，根据相关数据显示，2018年上半年中国微博用户规模为3.37亿人，这说明，在众多网民中，使用微博的人数越来越多，运营者可以在微博头条中寻找热门话题，如图5-33所示。

图5-33　微博头条界面

从图5-33中我们可以知道热门的头条是什么，还可以通过右侧的热门微博分类寻找与自己平台运营的方向相关的热门话题类型，然后将热门话题放入自己推送的消息中，以此来增加公众号的用户关注度和文章的阅读量。

除了从第三方数据分享平台、微博头条获取热点话题之外，还可以从新闻网站获取信息，例如每日新闻。每日新闻是新浪旗下的一个新闻排名统计平台，在该平台的新闻排行榜上，可以看到点击量排行、评论数排行、分享数排行、视频排行、图片排行等，如图5-34所示。

图5-34　新闻排行榜

从图 5-34 中可以知道最近的新闻排行榜中，点击量最多的是哪些新闻，除了大致的新闻类型分类外，还可以看到细分领域的排行情况，例如，国内新闻、国际新闻、社会新闻、体育新闻、财经新闻等。

随着短视频的火热发展，要想了解大家都在看什么视频，可以从爱奇艺指数上来获取，如图 5-35 所示。

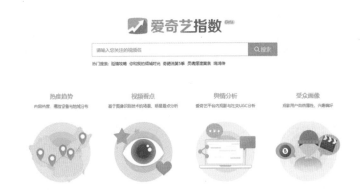

图 5-35　爱奇艺指数

从图 5-35 中可以知道，爱奇艺指数包括热度趋势、视频看点、舆情分析、受众画像等数据分析。

通过在搜索栏搜索关注的视频名称就可以查看该视频的指数情况，例如搜索电视剧《你和我的倾城时光》，如图 5-36 ～图 5-38 所示。

图 5-36　播放设备分布

从图 5-36、图 5-38 中我们可以清楚地看到该电视剧的播放指数情况，使用移动端设备的用户居多数，集中在 18~35 岁的年轻女性。

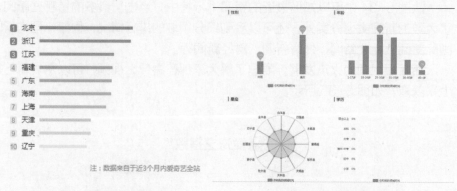

图 5-37　播放地域分布　　　　　图 5-38　受众画像

运营者搜集到这些热点信息之后，就可以针对该电视剧中的热门话题进行推文，以迎合受众的需求。

5.2.3　实现用户对接

微信公众号的运营，最重要的就是粉丝，有粉丝才会有人关注，要想吸引并且留住粉丝，就需要了解用户的需求。当了解到用户的需求之后，运营者就需要将用户的需求转化为实际行动，并和用户互动。

那么，以微信公众号为例，应如何实现与用户互动，总结如图 5-39 所示。

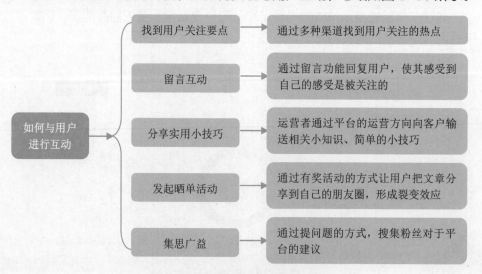

图 5-39　与用户进行互动的方法

专家提醒

和用户互动有助于提升平台的人气，企业也可以邀请行业的专业人士过来体验产品，形成名人效应，让名人在自己的朋友圈或者平台进行宣传，这种效果会比普通用户有效得多。

例如，微信公众号"手机摄影构图大全"发起了投稿点评的活动，即对摄友投稿的作品进行点评，再给出修图方案。通过这种互动方式，能激发读者的兴趣，从而继续关注该公众号，具体如图 5-40 所示。

图 5-40　"手机摄影构图大全"投稿点评

5.2.4　直指客户要点

增加文章的点击率和公众号的关注人数是每个平台都想实现的目标，面对公众号每天的数据统计，运营者可以通过公众号后台，查看图文分析来总结，用户的阅读规律，如图 5-41 所示。

从图 5-41 中可以看到该公众号的图文阅读人数以及分享人数数据概况，从 2018 年 11 月 13 日以来，阅读人数和分享人数都有了明显的上升趋势。然后再看文章的标题我们可以得知，都是对以某一个主题为中心的照片进行点评，文章内容比较集中。

文章标题	时间	送达人数	图文阅读人数	分享人数	操作
你敢说自己精通这种摄影构图吗？	2018-11-24	43111	2069	49	数据概况 ˅ 详情
怎么拍出秋叶，秋花的最美？	2018-11-22	42949	2736	70	数据概况 ˅ 详情
怎么拍好云彩？补补脑！	2018-11-20	42807	2076	51	数据概况 ˅ 详情
手机拍建筑，大片感怎么出来？	2018-11-17	42488	2157	46	数据概况 ˅ 详情
学会这些日出日落拍摄技巧，轻松拍出风景大片！	2018-11-15	42371	2048	53	数据概况 ˅ 详情
手机怎么拍出好照片？这5张照片给你定道！	2018-11-13	42234	2356	52	数据概况 ˅ 详情
抓住了这一点，成功概率大一倍！无论摄影还是...	2018-11-11	42100	1489	3	数据概况 ˅ 详情
你是这个世界最独特的个体，你的照片是吗？	2018-11-10	42046	1280	27	数据概况 ˅ 详情
影展点评：既讲优点，又讲缺点，更给解决方案...	2018-11-07	41873	1648	45	数据概况 ˅ 详情
干货！高手的全景摄影大片原来都是这样构图的？	2018-11-06	41801	1794	31	数据概况 ˅ 详情

图 5-41　图文分析

5.2.5　把握引流时机

公众号运营到一定阶段、积累了一定的人气之后，就需要在平台已有粉丝的基础上，进行相应的营销推广，来吸引粉丝，获取流量，如表 5-1 所示。

表 5-1　吸粉引流的方式及作用

方　式	作　用
链接	通过号内对话的形式，向用户推送文章链接，提高阅读量
游戏	设置小游戏，吸引用户参与，提高用户的活跃度，增加平台的乐趣
将用户分组	分组是为了更方便地与用户互动，可以将用户按性别、地域等分组
签到	设置签到有礼的功能，给用户一点小奖励，满足用户的心理需求
开展营销推广活动	开展线上线下活动，让用户参与进来，提高用户的积极性
第三方吸粉平台	第三方吸粉平台能够给运营者的吸粉引流工作提供便利

链接是一个很好的提高文章阅读量的方法，对于新关注的用户，可以设置一个自动回复，介绍企业公众号的作用，在回复的最下方可以插入热门文章的链接，让读者第一时间了解这个公众号是做什么的。

例如"手机摄影构图大全"微信公众号针对新关注者，以推送公众号介绍以及热门文章的方式来提高文章阅读量、点击量，还增加了回复即送"15 本摄影技巧电子图书"的福利，那么对于摄影发烧友肯定就会对该消息进行回复。再看下方的链接标题，是关于摄影技巧以及投稿点评的，说明该公众号很注重与粉丝的互动，如图 5-42 所示。

企业还可以通过设置一些比较有趣的小游戏，营造活跃的气氛，以此吸引

用户参与，增加活跃用户。设置游戏必须掌握几点规则，如图 5-43 所示。

图 5-42　在回复中嵌入文章链接

运营者掌握了设置游戏的规则后就可以在合适的机会向用户推送，当然选择的时间段也是很重要的，切记不能在上班期间推送，可以选择 18 ~ 22 点推送，这个时间段用户对休闲娱乐的需求比较高。

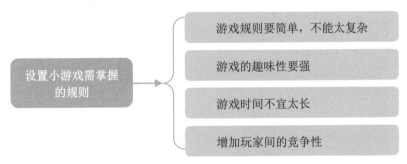

图 5-43　设置小游戏的规则

第 6 章

工具：百度指数 + 好搜指数 + 站长工具 + 京东商智

随着数据分析的发展，在互联网中相继出现了比较实用的数据分析工具，可以帮助数据分析师与数据快速拉近"交友距离"，挖掘出很多意想不到的"故事"。本章就来进一步挖掘百度指数、好搜指数、站长工具、京东商智中的秘密。

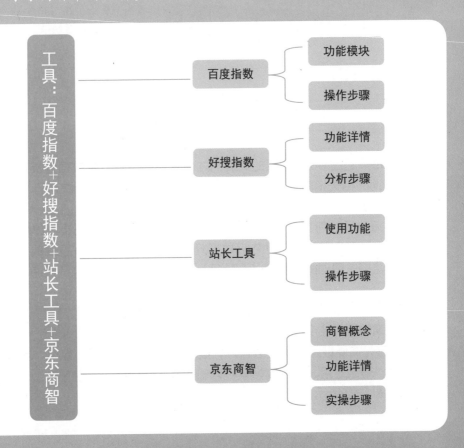

6.1 百度指数

百度指数是网民在百度搜索中搜索关键词的产物，它能反映关键词在过去30天内的用户关注度、用户搜索习惯等方面的内容，还可以自定义时间查询。

6.1.1 熟悉功能模块

在百度指数中有4个功能模块，如图6-1所示。

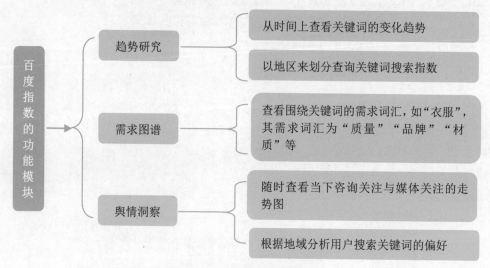

图6-1 百度指数的功能模块

6.1.2 了解操作步骤

一般每天超过50人搜索的关键词才会有百度指数，若数据分析师没有找到某个关键词的相关指数，可以换一个更加合适的关键词，再次进行百度指数的获取。

百度指数是目前互联网数据时代一个非常重要的数据统计和数据分析的平台，百度指数可以较为准确地告诉数据分析师，某个关键词在百度的搜索量有多大，关注这些关键词的人具有什么特征，分布在哪些地域，以及查询了哪些相关的关键词。

下面就以搜索"服装设计"为例，进行百度指数数据分析，查看"服装设计"整体上近期的被关注度，以及用户画像，其操作如下。

（1）首先需要进入百度指数官网，登录百度账号，若没有账号，可即时注册一个账号。登录之后，在百度搜索栏❶输入"服装设计"；❷单击"开始搜索"按钮，如图6-2所示。

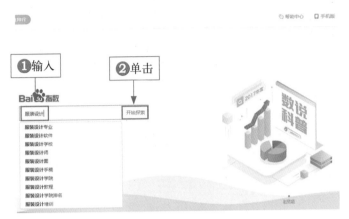

图 6-2　搜索关键词

从图 6-2 中可以看到"服装设计"的衍生词，这些衍生词是向搜索者提供"可能需要的""被多次搜索的"相关关键词，数据分析师可以挑选几个与自己搜索的关键词比较贴近的衍生词汇，进行扩展了解。

(2) 获得指数概括和指数趋势图后，将鼠标指针放置在趋势图的最高点，获取平均值，如图 6-3 所示。

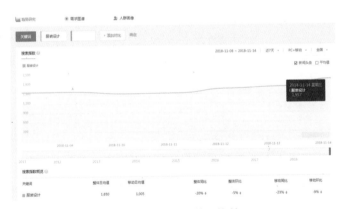

图 6-3　获得指数平均数

在图 6-3 中可以看出"服装设计"这个关键词在 2018 年 11 月 8 日—2018 年 11 月 14 日，与去年同期相比指数下降了 20%，与上一个月相比，同期指数下降了 5%。

从这些数据中我们可以看到"服装设计"的被关注度与去年相比有下降的趋势。从指数趋势图中的线条走势来看，近 7 天星期三 (2018 年 11 月 14 日) 的被搜索指数是最高的，星期六 (2018 年 11 月 10 日) 的被搜索指数是最低的，由此说明"服装设计"关键词在假期中的关注度不是很高，而在周中的被关注度是上升的。

(3) 获得需求图谱，如图 6-4 所示。

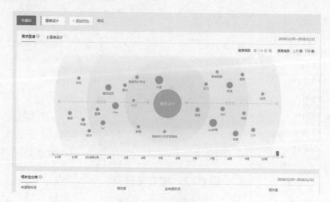

图 6-4　需求图谱

从图 6-4 中可以看出与"服装设计"具有强相关的词汇为"服装设计专业""服装设计自学零基础"等，说明人们在"服装技术"的入门基础方面需求比较大。

(4) 获得相关词分类排行榜，如图 6-5 所示。

图 6-5　相关词分类排行榜

从图 6-5 中的相关词分类排行榜中，可以看到用户在搜索"服装设计"之前还会搜索"入门""百度""服装设计与留学"等词汇的搜索。除此之外，还能看到用户在搜索"服装设计"之后会进行哪些其他搜索，即单击图 6-5 中的"去向相关词"按钮。总之，通过相关词分类排行榜可以清晰地看出人们对"服装设计"的需求。

(5) 获得咨询关注图，如图 6-6 所示。

通过图 6-6 中的咨询监测图可以看出 2018 年 11 月 8 日—2018 年 11 月 14 日，近 7 天关于"服装设计"关键词的新闻被关注程度。其中，2018 年 11 月 12 日被媒体关注的指数是最高的。近 7 天与去年同期相比，指数上升了

300%，与上个月同期相比上升了 45%，可以从侧面看出，人们对"服装设计 + 实事"的新闻报道越来越关心了。

（6）获得地域分布图，如图 6-7 所示。

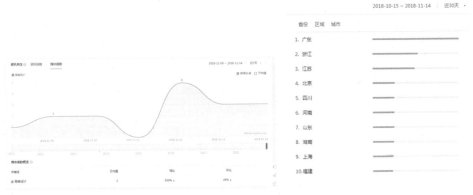

图 6-6　咨询关注图　　　　　　　图 6-7　地域分布图

从图 6-7 中可以看到，2018 年 10 月 15 日—2018 年 11 月 14 日在 PC 端搜索关键词"服装设计"最多的省份，其中广东省对"服装设计"这方面具有比较强烈的需求。数据分析师还可以单击"城市"按钮，查看城市排名，可以查看城市人群对"服装设计"的需求排行榜。

（7）获得人群属性图，如图 6-8 所示。

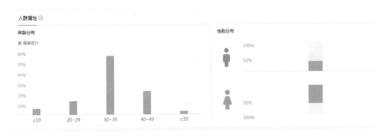

图 6-8　人群属性图

从图 6-8 中可以看到，2018 年 10 月 1 日—2018 年 10 月 30 日在 PC 端搜索关键词"服装设计"的人群年龄比例以及性别分布，其中男女比有明显的差异，女性占比较多；年龄在 30 ～ 39 岁和 40 ～ 49 岁的人群对"服装设计"的需求比较多，由此企业可以将目标人群定位在 30 岁～ 49 岁的区间。

通过以上的百度指数分析，可以总结得出，若企业需要开发与"服装设计"相关的产品，可以从学习、软件、教程等方面入手，其用户群体可定为在 30 ～ 49 岁的区间，主要推广省份可放在广东省、浙江省、江苏省等地区，若需要在媒体上、网络上做推广时，可以将产品结合时事，这样被曝光率比较大。

6.2 好搜指数

好搜指数是360旗下的数据分析平台，它以网民用好搜搜索引擎的搜索行为数据为基础，为数据分析师提供网络搜索数据。好搜指数有4大作用，如图6-9所示。

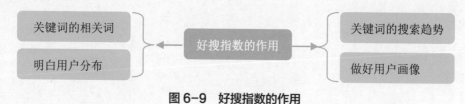

图6-9 好搜指数的作用

6.2.1 查看功能详情

数据分析师可以在好搜指数中，查看近7天、近30天以及自定义时间的关键词搜索状况。好搜指数具有3大功能，如图6-10所示。

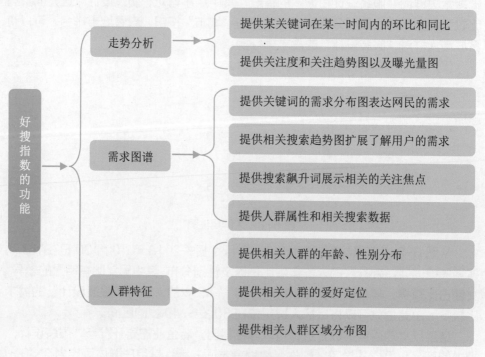

图6-10 好搜指数的功能详情

6.2.2　了解分析步骤

好搜指数中的数据分析操作与百度指数没有什么差别，只是好搜指数可以进行对比分析，即同时进行两个关键词的分析。下面同时分析"言情小说"和"推理小说"，以了解"言情小说"和"推理小说"的市场，其操作如下。

(1) 进入好搜指数官网，在搜索栏中输入"言情小说,推理小说"，单击"搜索"按钮，如图 6-11 所示。

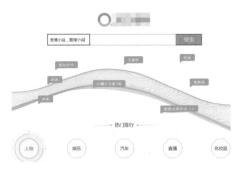

图 6-11　单击"搜索"按钮

专家提醒

在好搜指数官网中，如果有 360 账号可以直接登录，没有账号可以用微信号或者 QQ 号直接登录，这样可以节省注册账号的时间。

(2) 获得关注度和关注趋势图，如图 6-12 所示。

图 6-12　关注度和关注趋势图

从图 6-12 中可以看出，2018 年 11 月 8 日—2018 年 11 月 14 日，网民利用好搜搜索引擎搜索"言情小说"和"推理小说"的关注指数各为 35937、228。从这里可以看出，网民对"言情小说"的需求比对"推理小说"的需求要强一些。

"言情小说"和"推理小说"的关注度指数环比（不同年某一段时间）都呈上升趋势，其中"言情小说"的上升趋势比较明显，可见网民对"言情小说"的需求逐渐增强。

"言情小说"和"推理小说"的关注度指数同比（不同月某一段时间）都呈下降趋势，其中"推理小说"的下降趋势比较明显，可见网民对"推理小说"的需求逐渐下降。

通过搜索指数趋势图可以发现近 7 天"言情小说"的搜索指数比"推理小说"高，其中在 2018 年 11 月 8 日，"言情小说"的搜索指数达到了 64582，而"推理小说"才 275，由此说明，"言情小说"比"推理小说"更吸引人。

专家提醒

将鼠标放置到搜索指数趋势图上，对准线条，即可出现相关时期的数据搜索指数，从而更清晰地了解数据的走势。

(3) 获得曝光量图，如图 6-13 所示。

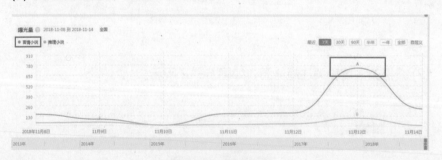

图 6-13　曝光量图

从图 6-13 中可以看出，在 2018 年 11 月 8 日—2018 年 11 月 14 日，"言情小说"和"推理小说"被媒体关注的波动比较大。2018 年 11 月 8 日—2018 年 11 月 9 日，"言情小说"被媒体所关注，而"推理小说"紧随其后。到了 2018 年 11 月 10 日，"言情小说"和"推理小说"的曝光量为零关注度。

不过这种情况没保持多久，还没有 1 天，2018 年 11 月 11 日，"言情小说"又重新获得媒体关注度，"推理小说"的曝光量一直上升很慢。2018 年 11 月 13 日，"言情小说"的曝光量达到高峰，可见大众更加关注"言情小说"。

一般出现这种情况，很有可能与时事有关，在那段时间里有几部言情小说将会推出新电影或者电视剧，如《凉生，我们可不可以不忧伤》《双世宠妃》等，于是媒体方面会对"言情小说"大肆关注，这样"言情小说"获得的曝光率也就越来越多。

随着电视剧《凉生，我们可不可以不忧伤》的热播，微博的热搜头条页经常可以见到关于该剧的头条新闻，由此可知，媒体关注度也是随着热度实时进行变更的。

(4) 当下热播电视剧的话题文章，如图 6-14 所示。

图 6-14　热播电视剧的话题

(5) 获得需求分布图，如图 6-15 所示。

图 6-15　需求分布图

图 6-15 所示为"言情小说"的需求分布图，它展现了用户对"言情小说"的需求，例如，希望能免费阅读言情小说，希望找到一个比较全面的言情小说聚集地，想要找到好看的完结言情小说，通过"潇湘书院"网挑选"言情小说"等，这些都是用户的痒点，企业只要将这些痒点融入自己的产品中，定能吸引用户的注意力。

(6) 获得"言情小说"相关排行榜，如图 6-16 所示。

言情小说的相关排行

罗曼史			爱情			爱情故事	
1	言情小说	2594	1	原来你还在这里	57310	1	言情小说	2594
2	纯情罗曼史	670	2	爱情公寓	11613	2	你迟到的许多年	1552
3	罗曼史	305	3	请回答1988	10124	3	至尊豪门	388
4	魏征罗曼史	185	4	乡村爱情	9123	4	她不知所措	257
5	网络春天如罗曼史	174	5	养父犯罪样年华	8015	5	中国第一美女	241
6	法国罗曼史	151	6	杉杉来了	7986	6	最心酸过网的那种时光	183
7	老张老将来曼史	93	7	顾清颜	6003	7	龙缘不出售	149
8	纯情罗曼史第二季	67	8	因为遇见你李美	5006	8	完约一辈子	130
9	湘公子	62	9	相爱十年	4944	9	暮年知几村	90
10	好运罗曼史	57	10	随风少女	4878	10	一夜守辖记	81

图 6-16 "言情小说"相关排行榜图

从图 6-16 中可以看出经典"言情小说"的相关排行榜，其中又分几种类型，例如罗曼史、爱情、爱情故事等，从中可以看出"言情小说"的类型有多种多样，而且还可以看到相关小说的搜索指数，这说明随着"言情小说"关注度的提高，越来越多的小说种类不断地涌现出来。

再看下"推理小说"的相关排行榜，搜索指数明显落后于"言情小说"，说明近期"推理小说"不符合大众的阅读需求，人群涉及面没有"言情小说"，如图 6-17 所示。

推理小说的相关排行

影视			侦探			小说	
1	嫌疑人的献身	114	1	柯南	3049	1	基础推理小说	220
2	这些欢坎灯	112	2	安童遥	1748	2	人间鬼事	84
3	沉默的羔羊	90	3	加赛派	907	3	明维探案系列	70
4	法医秦明	71	4	毛利兰	482	4	推理游戏	57
5	犯罪小说	62	5	服部平次	350	5	鬼案法医	47
6	亲爱的阿基米德	62	6	青山刚昌	298	6	让天运	42
7	美人为馅	40	7	世良真纯	237	7	推理补偿中	34
8	犯罪心理	38	8	阿加莎克里斯蒂	216	8	活人禁忌	29
9	如果蜗牛有爱情	26	9	钢城外的姊妹	209	9	案衣锦笼子	25
10	落乔传	25	10	江户川柯南	198	10	穿越事件薄	19

图 6-17 "推理小说"相关排行榜

(7) 获得搜索飙升词排名，如图 6-18 所示。

从图 6-18 中可以看出网民搜索的与"言情小说"相关的关键词，可以进一步了解网民对"言情小说"的需求。

(8) 获得用户画像的相关信息，如图 6-19 所示。

从图 6-19 中可以看出，"言情小说"比较吸引 19 ～ 34 岁的女性人群，

且吸引有"音乐""漫画""游戏"等标签的人群。

(9) 获得地域分布，如图 6-20 所示。

图 6-18　搜索飙升词排名

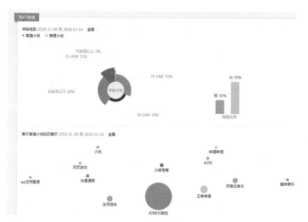

图 6-19　人群属性和相关喜欢数据

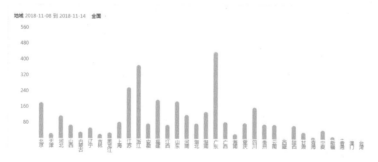

图 6-20　地域分布

从图 6-20 中可以看出，在浙江、广东、江苏的人群对"言情小说"比较感兴趣。

通过好搜指数的数据可以看出，"言情小说"的市场比"推理小说"的广阔，若想做"推理小说"，则需要精准人群，做精准营销，进一步查看关于"推理小说"的需求分布图、搜索飙升词排名、相关新闻排行、人群属性、人群定位、人群地域分布方面的数据。

6.3 站长工具

站长工具是用于对相关网站进行质量检测以及查询网站信息、排名的一个查询工具。它是数据分析师查询网站或者网页信息一个强有力的助手。

6.3.1 掌握使用功能

站长工具的功能比较齐全，人们经常使用的功能有 Alexa、权重查询、网站域名 IP 查询等。涉及的范围也比较广，其主要表现形式有 Web 形式的工具箱、Flash 形式的工具箱等。站长工具是分析网站基本信息的一个必备工具，数据分析师可以借助站长工具对某一个网站进行数据分析与信息采集。

站长工具不仅可以根据一个网址来查询，还可以根据关键词来查询，具体功能如图 6-21 所示。

图 6-21　站长工具的常用功能

6.3.2 了解操作步骤

站长工具的操作步骤其实很简单，我们以腾讯网为例，做一个简单的网站信息查询。

(1) 进入站长工具官网页面，如图 6-22 所示。

图 6-22 站长工具页面

(2) 通过搜索腾讯网网站，获得网站基本信息，如图 6-23 所示。

图 6-23 腾讯网网站基本信息

从图 6-23 中我们可以清楚地看到腾讯网的基本信息，其中中文网站排名是 58，门户网站排名是 7，在广东省的排名是 10。可以得出腾讯网在门户网站的排名还是不错的，在中文网站的排名不是特别靠前，但也还不错。

腾讯网的 Alexa 排名：整站世界排名第 7，整站流量排名第 6，整站日均 IP 是 45750000，整站日均 PV 是 174765000，可以看出腾讯网在世界排名都是不错的，页面的浏览量也比较高，整体的流量排名也非常靠前。

腾讯网 SEO 信息、域名年龄、百度权重、360 权重、谷歌权重都是排名第 8，这些数据表明腾讯网是个非常受欢迎的网站，也是个非常重要的网站。从域名年龄来看，腾讯网建立的时间比较久了。

(3) 获得腾讯网的收录 / 反链结果，如图 6-24 所示。

搜索引擎	百度	谷歌	360	搜狗
收录	27万9000	913 ↑	8万5700 ↓	24万6626
反链	567万	11500万	10000万	查询

网站　　　　的收录/反链结果　　　　★SEO网站优化★1-7天速上首页★

图6-24　腾讯网网站收录/反链结果

通过图6-24可知，百度搜索引擎的收录有279000个，反链有567万个；谷歌的收录有913个，且呈上升趋势，反链数是11500万；360的收录有85700个，呈下降趋势，反链数有10000万；搜狗的收录有246626个。通过这些数据可以得知，腾讯网的网页大部分是被百度收录的。

(4) 腾讯网的标签以及优化建议，如图6-25所示。

标签	内容长度	内容	优化建议
标题（Title）	4 个字符	腾讯首页	一般不超过80个字符
关键词（KeyWords）	39 个字符	资讯,新闻,财经,房产,视频,NBA,科技,腾讯风,腾讯,QQ,Tencent	一般不超过100个字符
描述（Description）	159 个字符	腾讯网从2003年创立至今，已经成为集新闻信息，区域垂直生活服务，社会化媒体资讯和产品为一体的互联网媒体平台。腾讯网下设新闻、科技、财经、娱乐、体育、汽车、时尚等多个频道，以分满足用户不同类型资讯的需求。同时专注不同领域内容，打造精品栏目，并顺应技术发展趋势，推出网络直播等的新形式，改变了用户获取资讯的方式和习惯。	一般不超过200个字符

图6-25　腾讯网的标签、内容及优化建议

从图6-25中可以看出，腾讯网的网页标题是：腾讯首页，长度为4个字符；该网站的关键词有"资讯、新闻、财经、房产、视频、腾讯、QQ"等，字符是39个；该网站的描述有159个字符，介绍了腾讯网站的创立时间以及旗下所设置的各种不同类型的资讯的需求等，同时站长工具还会给出网站优化的建议。

(5) 获得腾讯网的关键词排名，如图6-26所示。

关键词	全网指数	长尾词数	出现首屏	平地排名[一键查询]	具体排名[一键查询]	异度变化	网在地[市关具(份)]
资讯	400502	27348	5	查询	查询	查询	查询
新闻	1711690	348379	14	查询	查询	查询	查询
财经	85609	55767	9	查询	查询	查询	查询
房产	129682	195139	3	查询	查询	查询	查询
视频	10974018	2273943	12	查询	查询	查询	查询
nba	730791	203400	5	查询	查询	查询	查询
科技	1042190	373849	13	查询	查询	查询	查询
腾讯网	82855	13374	5	查询	查询	查询	查询
腾讯	922570	158667	43	查询	查询	查询	查询
qq	2412833	2169901	12	查询	查询	查询	查询
tencent	6821	-421	3	查询	查询	查询	查询

关键词排名　长尾词推荐　　　　添加关键词

图6-26　腾讯网的关键词排名

从图6-26中可以看到，这里显示了排名靠前的11个关键词，有咨询、新闻、财经、房产等。其中关键词的全网指数和长尾词最高的是"视频"，该关键词出现的频率也比较高，能够得知腾讯在视频这一领域做得比较好，受大众欢迎。

(6) 得到腾讯网的历史收录，如图6-27所示。

日期	百度收录	百度索引量	Google收录	360收录	搜狗收录	百度反链
2018-11-16	27万9000	31万1940	913	8万5700	24万6626	567万
2018-11-16	27万9000	31万1940	913	8万5700	24万6626	567万
2018-11-15	27万9000	30万3254	891	8万5600	24万6626	612万
2018-11-15	27万9000	30万3254	891	8万5600	24万6626	612万
2018-11-14	28万	30万3720	835	8万5300	24万4020	731万

图 6-27　腾讯网历史收录

(7) 得到腾讯的 Alexa 排名走势，如图 6-28 所示。

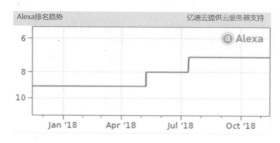

图 6-28　腾讯网的 Alexa 排名走势

(8) 得到腾讯网百度收录量变化趋势，如图 6-29 所示。

图 6-29　腾讯网百度收录量变化趋势

通过以上数据就能大致了解腾讯网的排名，以及网站的 Alexa 排名走势和百度收录量变化。一般运行了一段时间的网站，都可以在站长工具里面查到自己的 Alexa 排名，可以查到当天、当周、当月的排名，对数据分析师分析网站信息工作来说有一定的帮助。

专家提醒

　　站长工具能够让企业准确及时地掌握网站的收录情况、Alexa 排名、PR 值。

6.4 京东商智

京东商智是京东官方打造的一个集数据分析、店铺运营、创意营销为一体的数据分享平台，是京东 POP 卖家获取店铺经营数据的信息平台，可以为 POP 商家提供更有效的数据运营体系。

6.4.1 商智概念解读

2017 年 3 月 31 日，"京东商智"正式上线，作为京东的大数据智能工具，京东商智上线后就正式开放了商家订购，订购的版本分为免费版、标准版和高级版。订购的版本不同，使用的功能也会有区别。

京东商智是为广大商家提供服务的一个平台，其页面如图 6-30 所示。

图 6-30　京东商智页面

京东商智有店铺的实时经营数据和历史销售数据，有行业排行榜和店铺排行榜，可以看到行业爆款数据以及不同品类的数据分析。

商智包含全方位的数据服务功能，如流量分析、商品交易分析、店铺关键词、供应链分析、行业竞争对手、行业品牌分析、店铺诊断、店铺评分、店铺售后问题、仓储配送、成交客户的相关购物信息、单品分析等。

京东商智的数据从实时、天、周到月全面覆盖。通过这些数据，店铺运营者可以从中总结经验，制作店铺运营方案，以提升店铺的运营效率，降低店铺的运营成本。

另外京东商智分为 4 个版本：商家店铺版、品牌店铺版、品牌版和采销版。

6.4.2 查看功能详情

京东商智的功能板块大致分为 5 大类：实时洞察、经营分析、行业分析、主

题分析、知识中心等，具体详情如图 6-31 所示。

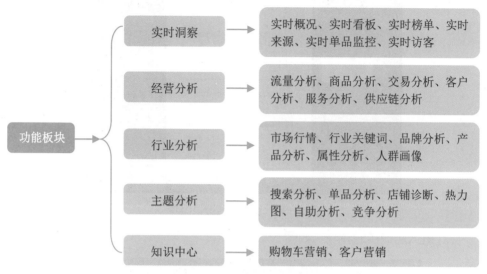

图 6-31　京东商智板块介绍

6.4.3　了解实操步骤

为了更好地让商家进行数据分析，实现数据化营销，官方数据显示，目前已经有超过 80% 的商家参与了商智的使用。通过京东商智的数据分析，可以"知己知彼"，从而增加店铺的利润。

下面我们就以某商家店铺的经营情况来学习京东商智的使用步骤。

(1) 进入京东商智官网，然后单击"登录"按钮，如图 6-32 所示。

图 6-32　京东商智官网

(2) ❶选择扫码登录或者输入账户密码；❷单击"登录"按钮，如图 6-33 所示。

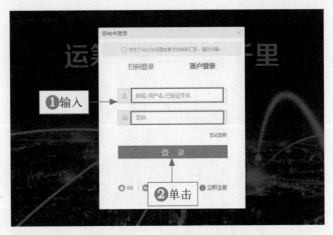

图6-33　京东商智登录页面

(3) 进入店铺实时看板，如图6-34所示。

图6-34　实时看板

从图6-34中可以得知，实时洞察主要就是展现店铺的实时经营数据，实时查看店铺的数据概况：实时访客、销售额、销售任务进度、浏览量、下单客户数、转化率等，实时掌握流量动态，及时判断店铺的数据异常情况，方便商家对店铺运营情况有更直观的了解。

(4) 点击"流量分析"，再单击"流量概况"，如图6-35所示。

通过图6-35可以得知，流量分析的页面包括流量概况、流量路径、关键词分析等功能，可以看到店铺的核心指标和流量趋势图，了解各渠道的核心浏览指标及其环比变幅，了解流量来源的各个渠道的变化。

从图6-35中我们看到APP端和PC端的访客数、人均浏览量和浏览量出现异常情况，并且标的是绿色的箭头，可见相比前一天流量有下降趋势。微信端

的访客数和浏览量有上升趋势，说明从微信端进店铺的人近期有增加。

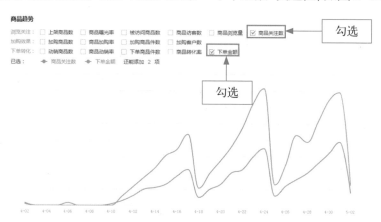

图 6-35　流量概况

其中跳失率的指标比较高，说明客户进店后没有继续访问就离开了，店铺运营者看到这个情况的时候，就需要从店铺活动、店铺首页图、产品图、细节图、详情排版图等方面去思考，找出异常原因，做相应的优化。

（5）点击商品趋势图，勾选"商品关注数""下单金额"复选框，如图 6-36 所示。

图 6-36　商品趋势

从图 6-36 中可以看到店铺的商品关注数和下单金额趋势，从 4 月 10 日到 5 月 2 日之间的波动起伏大，其中 4 月 24 日、5 月 1 日当天的商品关注数和下单金额都比较高，那么数据分析师就可以分析这期间店铺是不是参与了活动，或者有商品降价。

（6）查看商品交易趋势，再勾选"下单单量""下单客户数"复选框，如图 6-37 所示。

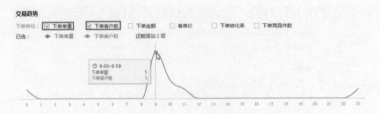

图6-37　交易趋势

从图6-37中可以看到，在某一天的交易趋势时间图中，上午9点的下单量和下单客户数都是5且图中上单单量和下单单量是重合的，下单量和下单客户数的比例比较均匀。

客户分析包括下单客户分析和潜在客户分析两大块，从图6-38可以得知，该店铺的女性客户偏多，下单客户的年龄主要集中在36～45岁。

(7) 点击客户分析，可以看到下单客户特征，如图6-38所示。

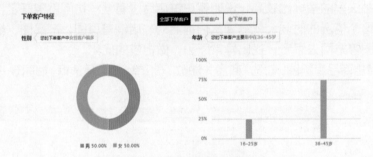

图6-38　下单客户特征

> **专家提醒**
>
> 从客户分析板块可以了解到客户的收货地址、会员等级、购买力、购物偏好以及对店铺促销以及商品评论的敏感度等，可以帮助商家知道主要客户群体是哪一类型的人，他们需要什么，然后提供他们想要的东西。

(8) 点击经营分析，可以看到店铺评分，如图6-39所示。

从图6-39可以得知，该店铺的综合评分为9.83，整体来说是比较不错的，超过行业内64.05%的店铺。下方的商品质量、服务态度、物流速度、商品描述的满意度都比较高，说明这家店铺在店铺评分的指标上做得不错，或者该店铺属于一个新开店铺。

店铺评分对一个店铺的运营极为重要，评分高的店铺可以让买家更相信店铺

的商品质量以及售后服务态度，可以为买家提供更多维度的参考价值。

图6-39　店铺评分

(9) 进入行业分析，查看行业大盘走势，如图6-40所示。

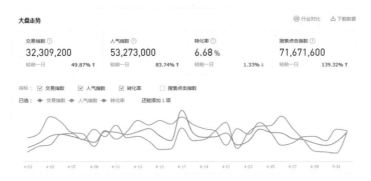

图6-40　行业分析之行业大盘走势

整个行业分析分为三大模块：行业实时、行业大盘和行业榜单。

(10) 品牌分析主要包括品牌榜单和品牌详情两大模块，如图6-41所示。

排名	品牌信息	交易指数	交易增幅	人气指数	搜索点击指数	客单价	
1		533,240	1890.55% ↑	787,162	305,896	¥347.64	详情
2		502,163	21.5% ↑	766,310	759,649	¥260.23	详情
3		464,069	42.37% ↓	664,911	610,398	¥252.27	详情
4		439,292	32.92% ↑	574,440	563,542	¥1,273.73	详情
5		422,407	60.38% ↓	563,173	518,248	¥413.02	详情

图6-41　品牌榜单分析

品牌榜单是在所选周期内，交易榜单按下单金额真实值排序，人气榜单按访客量的真实值排序。品牌榜单从交易、人气两个维度来反映行业 TOP 榜单的真实情况。

(11) 找到行业关键词，再点击"关键词查询"，如图 6-42 所示。

图 6-42　行业关键词

行业关键词包括热门关键词和关键词查询两个模块，其中行业关键词榜单的排序依据是，交易榜单按实际下单金额排序，点击率榜单按点击率排序，搜索榜单按搜索量排序。

(12) 单品分析分为数据概览、数据趋势、来源成交分析、买家画像、关联购买 5 个部分，点击"来源成交分析"，如图 6-43 所示。

关键词 ⬍	访客数 ⬍	访客数占比 ⬍	浏览量 ⬍	下单客户数 ⬍	下单商品件数 ⬍	下单单量 ⬍	下单转化率 ⬍	下单金额 ⬍	UV价值 ⬍	
雪菊昆仑 特级	8	33.33%	9	1	1	1	12.50%	68.00	8.50	趋势
雪菊甜菊	3	12.50%	3	0	0	0	0.00%	0.00	0.00	趋势
雪菊	2	8.33%	3	0	0	0	0.00%	0.00	0.00	趋势
雪菊茶	2	8.33%	2	0	0	0	0.00%	0.00	0.00	趋势
昆仑雪菊	2	8.33%	2	0	0	0	0.00%	0.00	0.00	趋势

图 6-43　来源成交分析

商品来源成交分析包括关键词来源成交、流量来源成交、单品来源成交 3 个方面，展现了商品来源客户的信息去向。

对单品的流量分析是店铺运营者的必要工作，对商品的流量转化做细致的分析，可以知道店铺最近哪些商品比较受欢迎，那么就可以适当地推广这款商品，为打造爆款做准备。

(13) 找到爆款孵化页面，单击"爆款预测"，如图 6-44 所示。

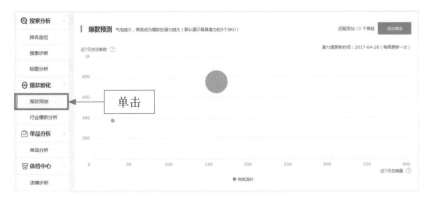

图 6-44　爆款预测

从图 6-44 可以得知，爆款孵化包括爆款预测和行业爆款分析两个方面，其中爆款预测就是潜力分气泡图，气泡越大，商品成为爆款的潜力越大。

商家运营者需先观察气泡所在的位置，越靠近右上角的气泡说明其近 7 日的总访客和总销量表现越好，运营者可以添加几个商品进行观察对比，有达到爆款标准的商品就可以用来做店铺的主推产品。

(14) 找到揽客计划，单击"购物车营销""活动管理"，再单击"创建购物车营销"，如图 6-45 所示。

图 6-45　购物车营销

购物车营销主要是针对那些将店铺商品添加到购物车，却没有下单支付的客户推出的精准营销工具，商家可根据需要选择相应商品，添加促销活动，促使客户下单。设置购物车营销的操作如图 6-46 所示。

图 6-46 创建购物车营销的流程

(1) 选择商品：按天更新最近 7 天被客户加入购物车且未下单的商品，可以选择添加商品 SKU。

(2) 选择活动：对已选择的商品，设置活动价，吸引客户下单。

(3) 选择推广渠道：可以选择系统提供的推广渠道。

专家提醒

　　购物车营销一般建议一周做 1~2 次，大概间隔 3~5 天。商品最好是按照 SKU 来选择，能覆盖更多的客户，采用直降或者设置活动价的方式来吸引客户。

第7章

亮眼：数据也要美美的

数据分析师，除了要将数据背后的"故事"挖掘出来之外，还需要将数据包装起来，这样既便于阅读者快速理解数据所要表达的内容，又能让阅读者有一个好的视觉体验。

7.1 图表概念

数据分析师，在将数据搜集、分类汇总、整理好之后，还需要对图表进行美化，在提交分析报告的时候，既可以向企业管理者讲述数据的故事，又能够让企业管理者看起来直观易懂。那么如何对数据进行美化呢？这个时候就需要用图表的形式来绘制表格。

7.1.1 什么是图表

图表能够直观地体现出所统计的数据信息属性，是一种在知识挖掘和数据统计上使数据看起来直观舒适的图形结构。

下面我们就以某班语文与数学成绩为例来了解图表是什么，如图7-1所示。

图7-1 图表

从图7-1中我们可以看到，首先选中表格里面的数据，然后单击"插入"菜单，再单击图表，就会弹出相应的图表类型，如柱形图、折线图、饼图等。

专家提醒

将工作表的数据转化成图表的样式，便于数据分析师清楚地了解数据的变化趋势以及数据间的特殊关系，对所研究的对象做出更合理的解决方案。

图表最大的好处就是能让人一目了然，观点明确清晰，不用让人过多地揣测其中所表达的意思。合理的数据图表，能直接反映出数据间所存在的关系，这比一堆数据或者文字更加直接美观。

7.1.2　图表的作用

通过图形结构的方式呈现数据间的变化以及特质、规律，能让数据分析师减少很多时间，提高工作效率。图表具体有 4 大作用，如图 7-2 所示。

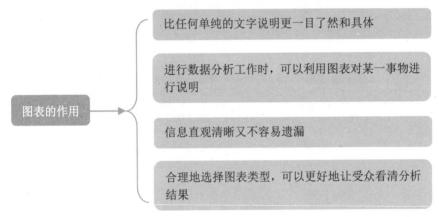

图表的作用

- 比任何单纯的文字说明更一目了然和具体
- 进行数据分析工作时，可以利用图表对某一事物进行说明
- 信息直观清晰又不容易遗漏
- 合理地选择图表类型，可以更好地让受众看清分析结果

图 7-2　图表的作用

一般制作图表需要如下过程：

(1) 搜集需要的数据，对数据进行整理和分析。对数据进行整理的目的是了解数据背后的故事。

(2) 选择适当的图表类型。

(3) 选择图表类型后，要适当进行美化，让它能更好地传递信息。

(4) 结合图表数据以及实际案例，分析数据中的比例关系以及数据变化趋势，以便做出更好的推断和结论。

7.1.3　图表的类型

图表的形式有很多种，常见的有柱形图、饼图、条形图、折线图等。随着科技的进步，图表的类型也越来越丰富，可供数据分析师选择的图表也越来越多，如重坐标图、瀑布图、漏斗图、散点图等。数据分析师可以利用不同的图表类型制作数据的呈现形式，具体如图 7-3 所示。

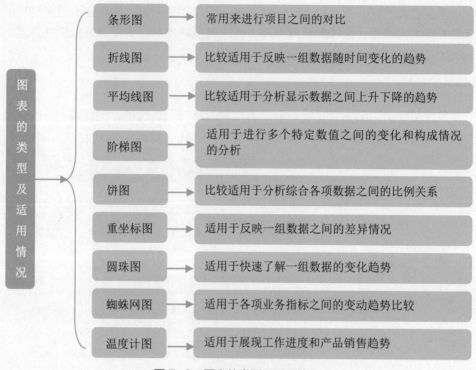

条形图	→	常用来进行项目之间的对比
折线图	→	比较适用于反映一组数据随时间变化的趋势
平均线图	→	比较适用于分析显示数据之间上升下降的趋势
阶梯图	→	适用于进行多个特定数值之间的变化和构成情况的分析
饼图	→	比较适用于分析综合各项数据之间的比例关系
重坐标图	→	适用于反映一组数据之间的差异情况
圆珠图	→	适用于快速了解一组数据的变化趋势
蜘蛛网图	→	适用于各项业务指标之间的变动趋势比较
温度计图	→	适用于展现工作进度和产品销售趋势

图 7-3　图表的类型及适用情况

从图 7-3 中我们可以了解到，不同图表的适用情况不同，数据分析师清楚这个知识之后，对后期制作图表也会有一个清晰的思路。下面简单介绍几个图表类型样式。

（1）通过条形图来看 2016—2017 年某公司的总年度销售量，如图 7-4 所示。

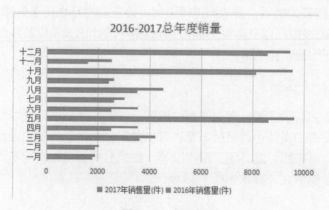

图 7-4　条形图

(2) 通过折线图来看数据变化的趋势，例如某公司一年的生产量，如图 7-5 所示。

图 7-5　折线图

(3) 通过平均线图来看一组数据之间的多少，以某公司员工一个月的消费为例，如图 7-6 所示。

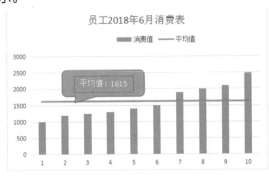

图 7-6　平均线图

7.2　美化表格

数据分析师在进行数据分析工作时，为了让分析得到的表格既美观又便于理解，就需要进行美化表格的工作。

7.2.1　色阶

有时候数据平淡无奇地展示在人们的眼前，人们不一定能一下子感受到数据与数据之间的"分布状态"，还需要进行对比，才能"后知后觉"地发现其中的关系与区别。

数据分析师可以利用 Excel 2016 中的色阶，使数据有所变化，以便于阅读者快速了解表格中的分布。下面就以某班语文与数学成绩为例，用色阶颜色的深浅表示出学生考试分数的大小，其操作如下。

（1）打开数据表，选择 C2～D19 单元格，在菜单栏上❶单击"开始"菜单；再❷单击"条件格式"按钮，如图 7-7 所示。

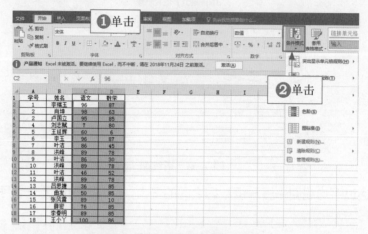

图 7-7 单击"条件格式"按钮

专家提醒

> 在 Excel 2016 中，色阶是一种能帮助阅读者快速了解数据的分布、变化的美化图解的方式。一般色阶分为"两种颜色的刻度"与"三种颜色的刻度"两种模式，数据分析师可以根据自己的需求改变颜色及其深浅度。

（2）在下拉列表框中❶选择"色阶"|❷"其他规则"选项，如图 7-8 所示。

（3）在弹出的"新建格式规则"对话框中，❶选择"基于各自值设置所有单元格的格式"选项；在"格式样式"下拉列表框中❷选择"三色刻度"选项；❸将颜色调成渐变色；最后❹单击"确定"按钮，如图 7-9 所示。

专家提醒

> 在"新建格式规则"对话框中，数据分析师可以根据需求选择数据分布，从小到大的颜色展示，相应的规则类型、格式样式等参数。

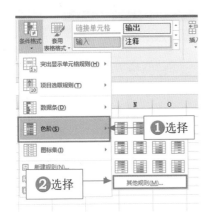

图 7-8　选择"其他规则"选项

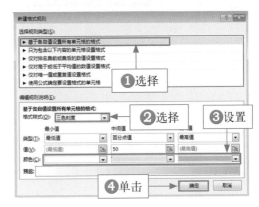

图 7-9　"新建格式规则"对话框

（4）色阶操作完成，通过不同深浅的绿色色阶来显示成绩的好坏，如图 7-10 所示。

	A	B	C	D	E	F	G
1	学号	姓名	语文	数学			
2	1	李瑞玉	96	87			
3	2	肖坤	98	63			
4	2	卢国立	95	85			
5	4	刘志赋	7	80			
6	5	王延辉	60	6			
7	6	李王	96	87			
8	7	叶洁	86	45			
9	8	洪峰	89	78			
10	9	叶洁	86	30			
11	10	洪峰	89	78			
12	11	叶洁	46	52			
13	12	洪峰	89	78			
14	13	吕思捷	36	85			
15	14	曲发	50	85			
16	15	张风雷	89	10			
17	16	薛密	76	85			
18	17	李春明	89	85			
19	18	王小丫	100	86			
20							

图 7-10　色阶操作完成

从图 7-10 中可以明显地看出，刘志赋的语文成绩最差；张风雷、王延辉的数学成绩最差，因此这 3 位同学需要针对各自的不足进行课后辅导。

7.2.2　突出

在 Excel 2016 中，可以使用突出显示单元格规格功能，将重点数据凸显出来，使得数据更具表现力。下面就以突出显示"商务英语成绩 <60"的数据为例进行介绍，其操作如下。

（1）打开数据表，❶选择 C3 ～ C19 单元格；在菜单栏上❷单击"开始"菜单；❸单击"条件格式"按钮，如图 7-11 所示。

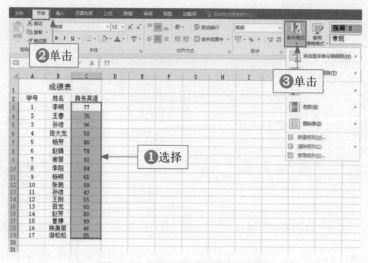

图 7-11　单击"条件格式"按钮

专家提醒

　　可设置的常用规则包括：大于、小于、等于、介于、重复值，当然用户也可以另外设置其他规则。

　　(2) 在弹出的下拉列表框中❶选择"突出显示单元格规则"选项；❷选择"小于"选项，如图 7-12 所示。

图 7-12　选择"小于"选项

(3) 弹出"小于"对话框，在"为小于以下值的单元格设置格式"文本框中输入 60，并单击"设置为"右侧的三角按钮，❶选择"绿填充色深绿色文本"选项；❷单击"确定"按钮，如图 7-13 所示。

> **专家提醒**
>
> 　　数据分析师还可以在"小于"对话框中，选择"自定义格式"选项，根据自己的喜好或企业领导的要求，选择一种颜色突出显示数据，除此之外还可以选择字体的格式、表格边框的样式等。

(4) 用绿色填充出来商务英语成绩小于 60 的数据，如图 7-14 所示。

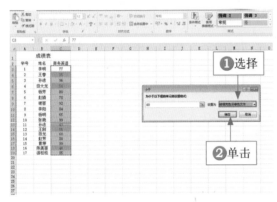

图 7-13　设置"小于"对话框参数

图 7-14　突出指定数据操作完成

通过图 7-14 可以明显地看到，商务英语成绩小于 60 的有王春、田大龙、孙洁、王刚、陈美丽这 5 位同学。因此，这 5 位同学需要加强商务英语的训练。

7.2.3　数据条

在 Excel 2016 中，数据分析师还可以使用数据条功能，将表格变得更加有趣、生动，利用条状图形突显数据的大小，可以帮助阅读者在茫茫数据中找出高值或低值。下面就以某部门员工总工资为例，使之体现出最高工资和最低工资，操作如下。

(1) 打开数据表，❶选择 D2 ~ D20 单元格；在菜单栏上❷单击"开始"菜单；❸单击"条件格式"按钮，如图 7-15 所示。

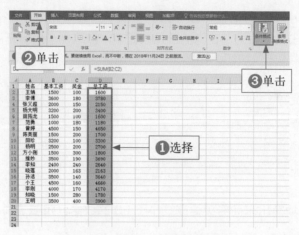

图7-15　单击"条件格式"按钮

（2）在弹出的下拉列表框中①选择"数据条"选项；②再选择"红色数据条"选项，如图7-16所示。

（3）数据条操作完成，红色数据条形象生动地体现出了数据之间的差异，如图7-17所示。

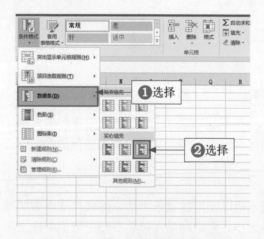

图7-16　选择"红色数据条"选项

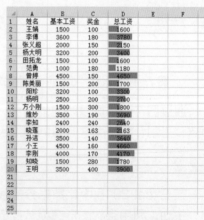

图7-17　数据条设置完成

从图7-17中，可以明显地看出小王的总工资最高，范勇的总工资最底。

专家提醒

数据条越长，代表数值越大，越短代表数值越小。

7.2.4　图标集

数据分析师还可以运用 Excel 2016 中的"图标集"功能，它不仅能监控企业运营指标发展趋势，还能使企业老板或者员工快速地了解企业哪些地方做得好、哪位员工绩效好等特征。

下面就以某公司员工考勤数据为例，进一步找到不迟到的员工，以及不积极上班的员工，操作如下。

(1) 打开数据表，❶选择 C3 ~ C20 单元格；在菜单栏上❷单击"开始"菜单；❸单击"条件格式"按钮，如图 7-18 所示。

(2) 在弹出的下拉列表框中❶选择"图标集"选项；❷再选择"其他规则"选项，如图 7-19 所示。

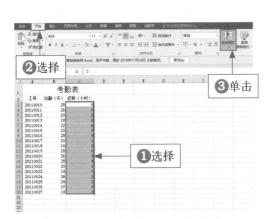

图 7-18　单击"条件格式"按钮

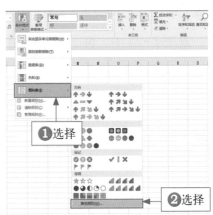

图 7-19　选择"其他规则"选项

专家提醒

一般图标集可以将数据分为 3~5 个类别，如三向箭头（彩色）图标集中，有三种颜色的图标，其中绿色"上箭头"形状 ⬆ 表示较高值，黄色"平箭头"形状 ➡ 表示中间值，红色"下箭头"形状 ⬇ 表示较低值，还有旗子形状、三色箭头等。一般默认的图标集，会按照数值的大小进行分类。

(3) 根据需求❶设置"新建格式规则"对话框中的参数；❷单击"确定"按钮，如图 7-20 所示。

(4) 操作完成，就可以看到图标集出现在表格中，如图 7-21 所示。

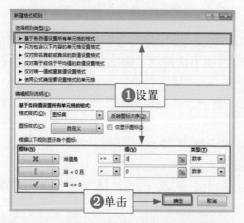

图 7-20　设置"新建格式规则"对话框参数

图 7-21　图标集设置完成

从图 7-21 中，可以快速地找到没有迟到过的员工。

7.2.5　迷你图

有时数据过多，若运用数据条功能，会让数据显得有些杂乱，不便于进行分析工作，这时可以运用 Excel 2016 中的迷你图功能，将数据图小巧地放在单元格内，这样既能增加图表的趣味，又便于数据分析师快速地进行分析工作。

下面以某公司年度支出表为例，运用迷你图来增添数据显示的效果，其操作如下。

(1) 打开数据表，用鼠标❶单击 F4 单元格；在菜单栏上❷单击"插入"菜单；❸再单击"迷你图"选项组中的按钮，如图 7-22 所示。

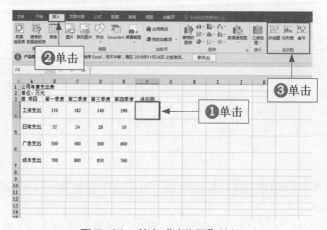

图 7-22　单击"迷你图"按钮

（2）选择"折线图"后，在弹出的"创建迷你图"对话框中，❶设置对应的参数；❷单击"确定"按钮，如图7-23所示。

（3）重复图7-22～图7-23的操作，将其他数据也变成迷你图，如图7-24所示。

图7-23　设置"创建迷你图"对话框的参数

图7-24　迷你图设置完成

（4）❶单击F4单元格；在菜单栏上❷单击"设计"菜单中的样式，即可改变迷你图的样式，如图7-25所示。

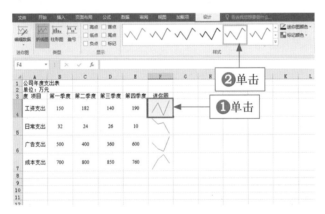

图7-25　设计迷你图的样式

（5）迷你图更改完成，在迷你图上加入数据点，如图7-26所示。

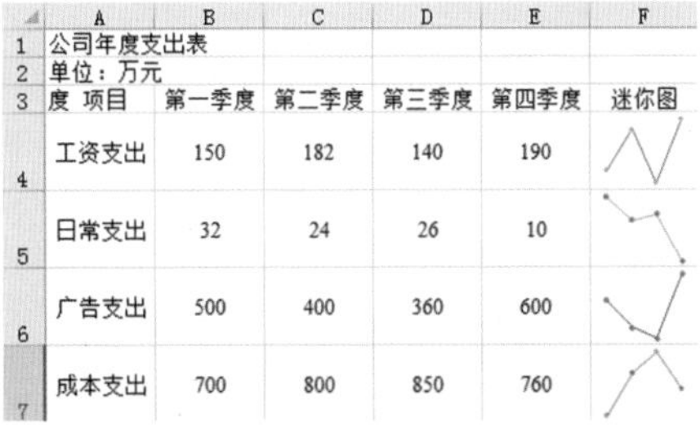

图7-26　迷你图更改完成

数据分析师可以随意调整迷你图的颜色、样式、显示点、类型等参数。

7.3 转换图形

枯燥乏味的数字会让阅读者看着很费劲，因此数据分析师可以将表格数据与相应的图形结合，以使阅读者能快速理解、阅读数据。

下面就来学习转换图形的方法，其中包括条形图、平均线图、瀑布图、成对条形图、蛇形图、矩阵图、漏斗图等类型。

7.3.1 条形图

数据分析师可以用条形图进行产品与产品、企业与企业、员工与员工等之间的对比，观察它们之间存在的差异。

数据分析师在制作条形图时，需要注意以下几点，如图 7-27 所示。

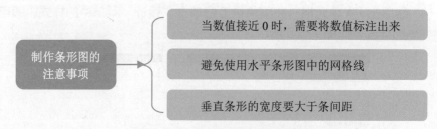

图 7-27 制作条形图的注意事项

下面以某公司 2016—2017 年年度销售数据为例，制作出条形图，从而体现出哪一年的销量最高，哪一年的销量最低，其操作如下。

(1) 打开数据表，❶选择 A1 ~ C13 单元格；在菜单栏上❷单击"插入"菜单；❸单击"推荐的图表"按钮，如图 7-28 所示。

(2) 在弹出的"插入图表"对话框中，❶选择"簇状条形图"选项；❷单击"确定"按钮，如图 7-29 所示。

专家提醒

数据分析师可以根据自己的需要选择条形图的类型，这并不是硬性规定的，只要和自己所要表达的、分析的数据或内容有关系，能修饰它们即可使用。

图 7-28　单击"推荐的图表"按钮

图 7-29　选择"簇状条形图"选项

(3) 条形图雏形完成，如图 7-30 所示。

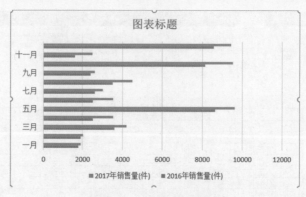

图 7-30　条形图锥形完成

(4) 单击"图表标题"，输入"2016—2017 年总年度销量"，如图 7-31 所示。

图 7-31　修改图表标题

(5) 将图例调整到标题下方，如图 7-32 所示。

图 7-32　调整图例位置

专家提醒

条形图多用于分类项目的比较，而原本方便阅读者阅读的网格线，对条形图的分析起不到实际作用，因此，需要数据分析师将 Excel 2016 默认的网格线取消。

(6) 单击条形图，在图的右侧会出现一个"加号"按钮 ┼，❶单击该按钮；❷取消勾选"网格线"复选框，如图 7-33 所示。

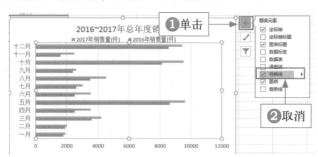

图 7-33　取消勾选"网格线"复选框

(7) 2016—2017 年总年度销量条形图制作完成，如图 7-34 所示。

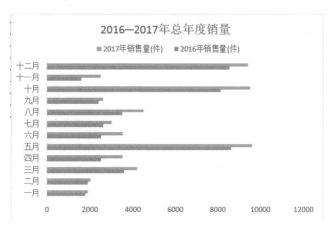

图 7-34　条形图制作完成

通过图 7-34 可以看出，2017 年的总销量比 2016 年的总销量高。虽然图 7-34 能让阅读者快速了解哪一年的销量好，可是整体感觉偏紧凑，视觉效果不美观。下面将条形图变成一个对称条形图，让数据变得更加便于阅读，其操作如下。

(1) 双击条形图的横坐标，如图 7-35 所示。

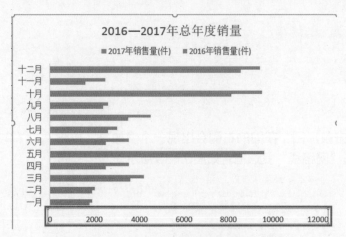

图7-35　双击条形图的横坐标

(2) 在弹出的"设置坐标轴格式"对话框中的"坐标轴选项"下❶设置"最小值"为"-12000"；接着❷单击"关闭"按钮×，如图7-36所示。

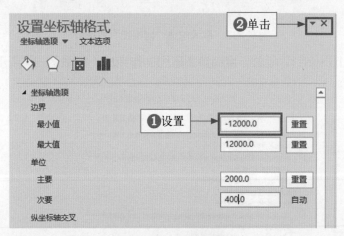

图7-36　设置最小值

(3) 随意在2016年销售数据中双击某一数据系列，如图7-37所示。

(4) 在弹出的"设置数据系列格式"对话框中的"系列选项"下❶选中"次坐标轴"单选按钮；接着❷单击"关闭"按钮×，如图7-38所示。

(5) 双击出现的次横坐标，如图7-39所示。

(6) 在弹出的"设置坐标轴格式"对话框中的"坐标轴选项"下方❶勾选"逆序刻度值"复选框；❷单击"关闭"按钮×，如图7-40所示。

(7) 双击纵坐标，如图7-41所示。

图 7-37 双击系列

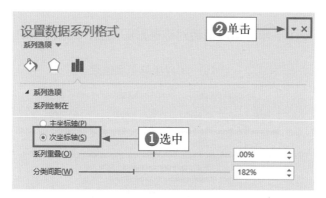

图 7-38 设置"设置数据系列格式"对话框中的参数

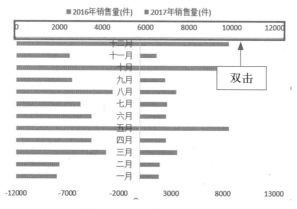

图 7-39 次横坐标

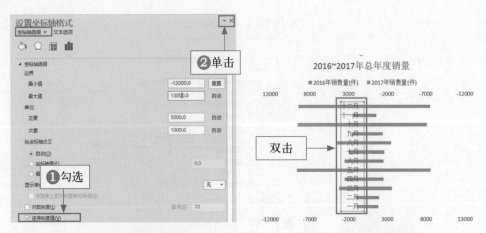

图 7-40 设置坐标轴格式　　　　　　图 7-41 双击纵坐标

(8) 2016—2017 年总年度销量对称条形图成型，如图 7-42 所示。

图 7-42 对称条形图成型

(9) 单击对称条形图，在图的右侧会出现一个"加号"按钮⨁，❶单击它；❷勾选"数据标签"复选框，如图 7-43 所示。

(10) 2016—2017 年总年度销量对称条形图制作完成，如图 7-44 所示。

通过用 7-44 可以快速地将 2017 年销售量与 2016 年销售量进行对比，可得，2017 年销售量比 2016 年销售量多，证明 2017 年销售量呈现上升趋势。

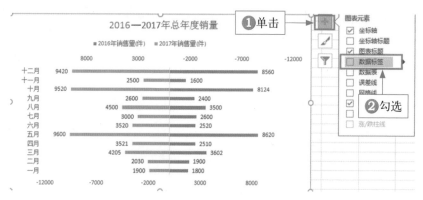

图 7-43 勾选"数据标签"复选框

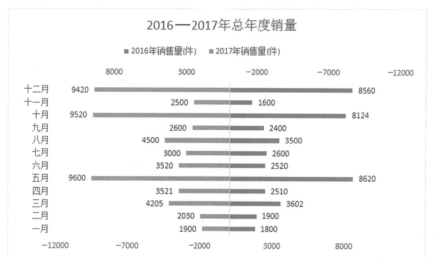

图 7-44 对称条形图制作完成

7.3.2 折线图

折线图常用来查看随着时间而变化的趋势，折线图又可以称为蛇形图。图 7-45 所示为折线图的概念与注意事项。

数据分析师借助这种图表类型，可以清楚地看到数据在时间上的变化趋势。下面以某服装工厂 2016—2017 年生产量为例，观察两种时间上的变化趋势，其操作如下。

（1）打开数据表，❶选择 A1 ～ C14 单元格；在菜单栏上❷单击"插入"菜单；❸单击"插入折线图"按钮，如图 7-46 所示。

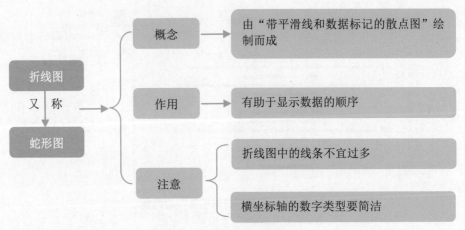

图7-45　折线图概述

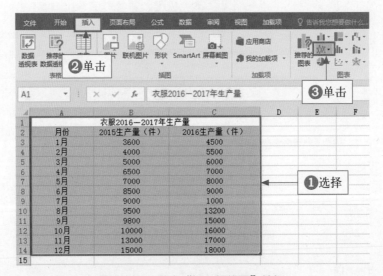

图7-46　单击"插入折线图"按钮

（2）在下拉列表框中选择"堆积折线图"选项，如图7-47所示。

专家提醒

　　数据分析师还可以选择其他类型的折线图，也可以根据需要，将折线图变形为其他图形。

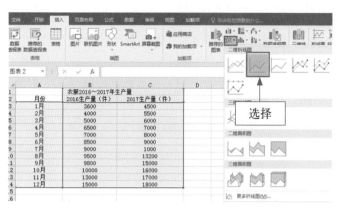

图7-47 选择"堆积折线图"选项

（3）完善标题，拖动图例，如图7-48所示。

（4）单击条形图，在图的右侧会出现一个"加号"按钮 ；❶单击该按钮；❷勾选"数据标签"复选框，如图7-49所示。

图7-48 完善标题并拖动图例

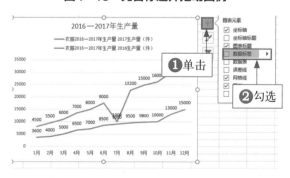

图7-49 勾选"数据标签"复选框

(5) 双击图中的 15000，如图 7-50 所示。

(6) 在弹出的"设置数据标签格式"对话框中，❶选中"靠下"单选按钮；❷单击"关闭"按钮×，如图 7-51 所示。

(7) 双击图中的 15000，在弹出的"设置数据标签格式"对话框中；❶选中"靠上"单选按钮；❷单击"关闭"按钮×，如图 7-52 所示。

(8) 2016 年—2017 年生产量折线图雏形完成，如图 7-53 所示。

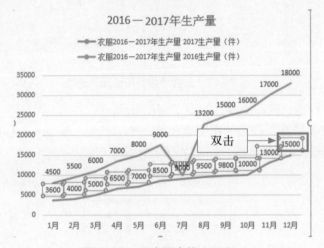

图 7-50　双击图中的 15000

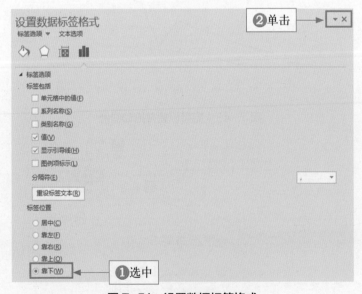

图 7-51　设置数据标签格式

图 7-52 选中"靠上"单选按钮

图 7-53 折线图雏形完成

(9) 双击图中的 15000，在弹出的"设置数据系列格式"对话框中，❶设置对应的参数；❷单击"关闭"按钮×，并同样操作"2017 生产量"系列，如图 7-54 所示。

(10) 数据标记点出现，如图 7-55 所示。

根据图 7-55 可以看出 2017 年的销量明显比 2016 年的销量高，并且除了 7 月份有波动之外，其他月份的销量波动呈上升趋势。

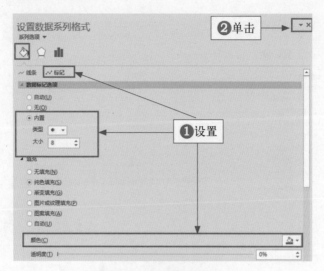

图 7-54　设置对应参数

图 7-55　数据标记点出现

7.3.3　平均线图

数据分析师可以运用平均线图，将平均值与数值一同展现在图形中，进行平均值与数值的对比，从而明显感受到哪些数据呈上升趋势。下面就以某公司员工消费水平数据表为例，制作一个平均线图，其操作如下。

（1）打开"员工2018年6月消费表"，❶单击C3单元格；在菜单栏上❷单击"公式"菜单；❸单击"自动求和"按钮；在弹出的下拉列表框中❹选择"平

均值"选项，如图 7-56 所示。

(2) 将鼠标指针放置在 B3 单元格右下角，将 B3 上的蓝色框一直下拉到 B12，随后按 Enter 键，计算平均值，如图 7-57 所示。

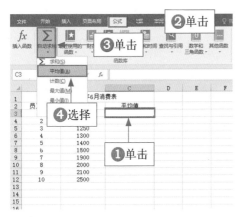

图 7-56　选择"平均值"选项　　　　　图 7-57　计算平均值

(3) 得到平均值，如图 7-58 所示。

(4) 将平均值复制到 C4 ~ C12 单元格中，如图 7-59 所示。

	A	B	C
1		员工2018年6月消费表	
2	员工编号	消费值	平均值
3	1	1000	1615
4	2	1200	1615
5	3	1250	1615
6	4	1300	1615
7	5	1400	1615
8	6	1500	1615
9	7	1900	1615
10	8	2000	1615
11	9	2100	1615
12	10	2500	1615
13			

图 7-58　得到平均值　　　　　图 7-59　复制平均值

(5) ❶选取 A2 ~ C1 单元格，在菜单栏上❷单击"插入"菜单，❸单击"柱形图"按钮，在下拉列表框中❹选择"簇状柱形图"图表，如图 7-60 所示。

(6) 得到"簇状柱形图"，修改标题与图例位置，如图 7-61 所示。

(7) ❶选择一个"平均值"柱条；单击鼠标右键，在弹出的快捷菜单中❷选择"更改系列图表类型"命令，如图 7-62 所示。

专家提醒

 数据分析师在制作"平均线图"的时候，在"簇状柱形图"的基础上，可以通过"更改系列图表类型"选项，来改变图表样式。从而得到对比差距明显的"平均线图"，以便数据分析师开展接下来的工作。

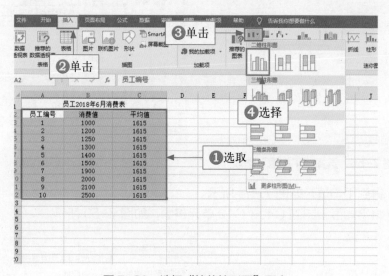

图 7-60 选择"簇状柱形图"图表

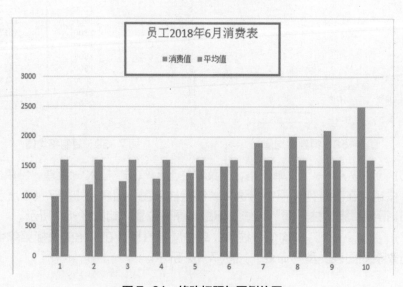

图 7-61 修改标题与图例位置

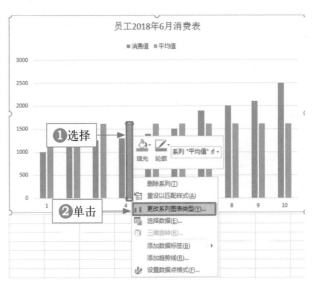

图7-62　选择"更改系列图表类型"命令

(8) 在弹出的"更改图表类型"对话框中，❶选择"组合"选项；❷单击"平均值"右侧的三角按钮▾；在下拉列表框中❸选择"堆积折线图"选项；最后❹单击"确定"按钮，如图7-63所示。

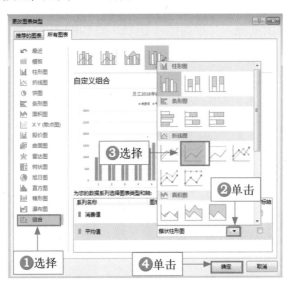

图7-63　设置"更改图表类型"对话框中的参数

(9) 平均线图制作完成，如图7-64所示。

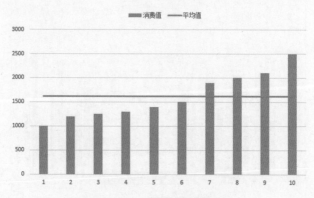

图 7-64　平均线图制作完成

专家提醒

数据分析师还可以将柱形图与其他图形组合，操作步骤基本一样，只要设置"更改图表类型"对话框中有的图形，就能进行组合。

(10) 在菜单栏上单击"插入"菜单，单击"文本框"按钮，再用鼠标绘制一个文本区域，在上面输入"平均值：1615"，如图 7-65 所示。

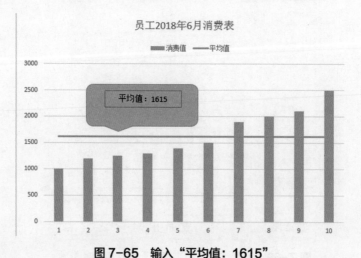

图 7-65　输入"平均值：1615"

根据图 7-65 可以看出员工 7、8、9、10 在 2018 年 6 月份的消费额高于平均值。

专家提醒

　　数据分析师可以根据自己的喜好，适当地修饰文本框，如选择看起来舒服的轮廓形状。

7.3.4　阶梯图

　　数据分析师在进行经营类、财务类数据分析时，可以运用阶梯图来体现企业成本、销量等数据的变化和构成情况。

　　阶梯图又称为瀑布图，适用于进行多个特定数值之间的变化和构成情况的分析，如图 7-66 所示。

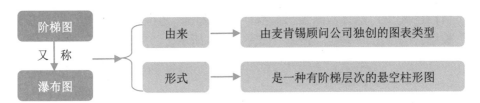

图 7-66　阶梯图

　　下面以某公司 2018 年 1—6 月的销量为例，进行阶梯图的制作，其操作如下。

　　(1) 打开 Excel 表格，在 C3 单元格上❶添加计算"占位数"的公式"=B$2-SUM(B$3:B3)"；用鼠标向下❷拖动，快速填充公式，如图 7-67 所示。

　　(2) 选取 A1 ~ C6 单元格，❶单击"插入"菜单；❷单击"柱形图"下拉按钮；❸选择"堆积柱形图"选项，如图 7-68 所示。

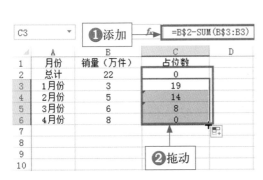

图 7-67　计算占位数

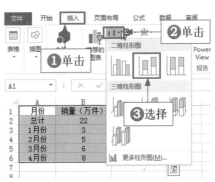

图 7-68　选择"堆积柱形图"选项

(3) 在弹出的图表上❶选择一根"占位数"柱形图，单击鼠标右键；在弹出的快捷菜单中❷选择"选择数据"命令，如图 7-69 所示。

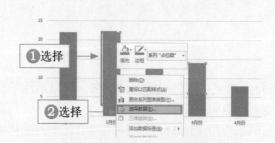

图 7-69 选择"选择数据"命令

(4) 在弹出的"选择数据源"对话框中，❶勾选"占位数"复选框；❷单击"上移"按钮；❸单击"确定"按钮，如图 7-70 所示。

图 7-70 设置"选择数据源"对话框中的参数

(5) 在弹出的图表上选择一根"占位数"柱形图，单击鼠标右键，在弹出的快捷菜单中选择"设置数据系列格式"命令，如图 7-71 所示。

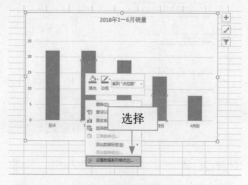

图 7-71 选择"设置数据系列格式"命令

(6) 在弹出的"设置数据系列格式"对话框中，把"填充"和"边框"分别❶设置为"无填充""无线条"；❷单击"关闭"按钮×，如图 7-72 所示。

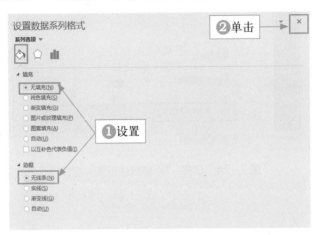

图 7-72　设置"设置数据系列格式"对话框中的参数

(7) 随意❶选择一根"网格线"，单击鼠标右键；在弹出的快捷菜单中❷选择"删除"命令，如图 7-73 所示，"图例""纵坐标标签"用同样的方法进行删除。

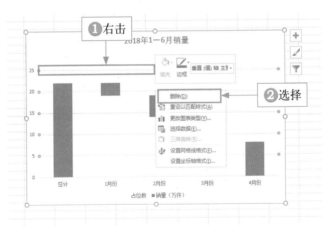

图 7-73　删除"网格线"

(8) 在图表上❶选择一根"销量"柱子，单击鼠标右键；在快捷菜单中❷选择"添加数据标签"|"添加数据标签"命令，如图 7-74 所示。

(9) 阶梯图制作完成，如图 7-75 所示。

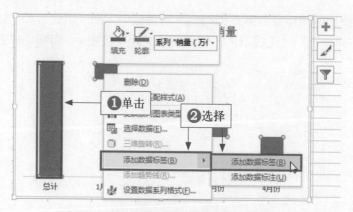

图 7-74　选择"添加数据标签"命令

2016年1—6月销量

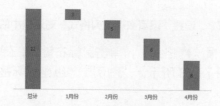

图 7-75　阶梯图制作完成

数据分析师制作完成阶梯图后，需要调整阶梯图的填充颜色，一定要让柱子上的标签体现出来，其操作如下。

(1) ❶单击柱子；❷选择一个合适的颜色，如图 7-76 所示。

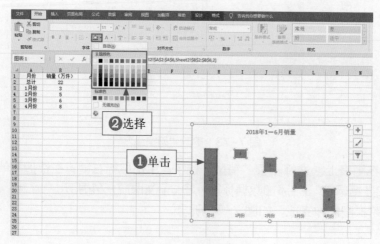

图 7-76　调整填充颜色

(2) 颜色修改完成，如图 7-77 所示。

图 7-77　颜色修改完成

7.3.5　饼图

一般来说，在制作饼图时，应当注意以下几点事项，如图 7-78 所示。

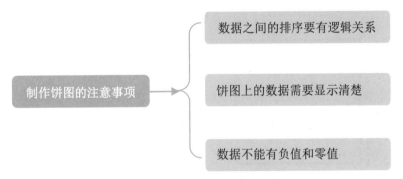

图 7-78　制作饼图的注意事项

下面以某公司 2017 年 7 ～ 12 月的棒棒糖销量比例为例，介绍饼图的制作，其操作如下。

(1) 打开 Excel 表格，❶选中单元格 B2 ～ B7；在菜单栏上❷单击"数据"菜单；❸单击"降序"按钮，如图 7-79 所示。

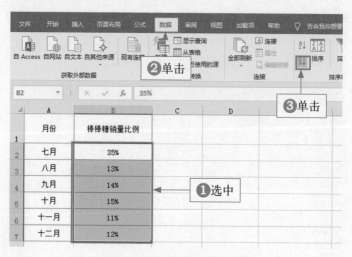

图 7-79　单击"降序"按钮

（2）❶选中单元格 A1 ~ B7；在菜单栏上❷单击"插入"菜单；❸选择"饼图"选项，如图 7-80 所示。

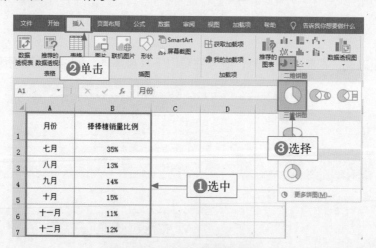

图 7-80　选择"饼图"选项

（3）在饼图上单击鼠标右键，在快捷菜单中选择"添加数据标签"｜"添加数据标签"命令，如图 7-81 所示。

（4）双击需要突出的饼图，在弹出的"设置数据点格式"对话框中，❶设置相关的参数；❷再单击"关闭"按钮，如图 7-82 所示。

（5）突出了 11 月的数据，如图 7-83 所示。

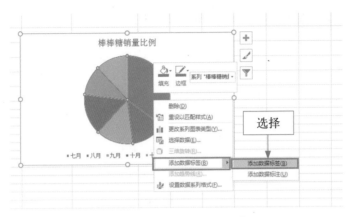

图 7-81 选择"添加数据标签"选项

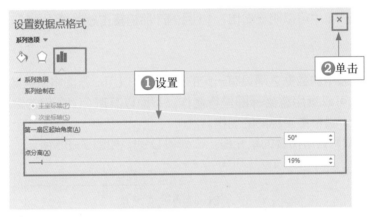

图 7-82 设置"设置数据点格式"对话框的参数

棒棒糖销量比例

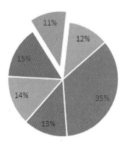

图 7-83 突出了 11 月份的数据

(6) 调整颜色完成饼图的制作，如图 7-84 所示。

棒棒糖销量比例

■七月 ■八月 ■九月 ■十月 ■十一月 ■十二月

图 7-84　调整颜色

从图 7-84 中可以明显看出，11 月的产品销量占总销量的 11%。

7.3.6　重坐标图

若数据表中的数据之间具有一定的差异，难以用一张图将所需数据完整地展示出来，这可以运用重坐标图进行制作。下面以某班 2018 年的 2 次 Excel 测试成绩为例，进行重坐标图的制作。

(1) 选取两列所需要的单元格：C 列和 D 列，如图 7-85 所示。

	A	B	C	D
1			Excel测试成绩单	
2	编号	姓名	第一次成绩	第二次成绩
3	1002	张明	91	98
4	1003	吴沙	79	82
5	1004	安远	87	96
6	1005	聂冰	86	86
7	1006	高洁	87	83
8	1007	朱画	85	90
9	1008	江风	93	91
10	1009	许飞	82	90
11	1010	黄小云	70	82
12	1011	姚依林	73	88
13	1012	曾秀	88	90

图 7-85　选取所需要的两列单元格

(2) 在菜单栏上❶单击"插入"菜单；❷单击"柱形图"按钮；❸选择"簇状柱形图"选项，如图 7-86 所示。

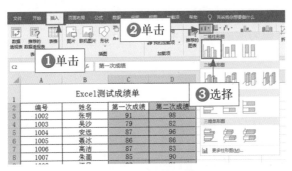

图 7-86　选择"簇状柱形图"选项

（3）形成簇状柱形图，如图 7-87 所示。

（4）在"第二次成绩"的数据柱上，❶单击鼠标右键，在弹出的快捷菜单中❷选择"设置数据系列格式"命令，如图 7-88 所示。

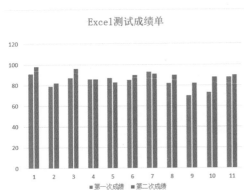

图 7-87　簇状柱形图

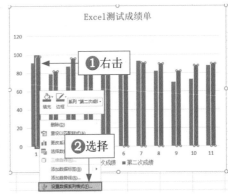

图 7-88　选择"设置数据系列格式"命令

（5）在弹出的"设置数据系列格式"对话框中，❶选择需要的参数；❷再单击"关闭"按钮，如图 7-89 所示。

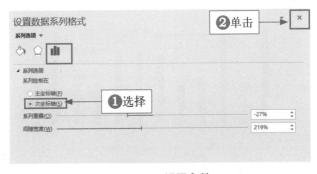

图 7-89　设置参数

(6) 在双坐标上❶选中"第一次成绩"数据柱，单击鼠标右键；在弹出的快捷菜单中❷选择"更改系列图表类型"命令，如图 7-90 所示。

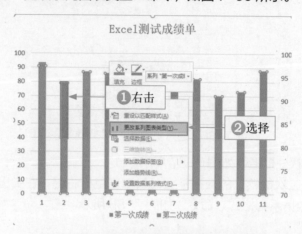

图 7-90　选择"更改系列图表类型"命令

(7) 在弹出的"更改图表类型"对话框中，❶设置需要的参数；❷单击"确定"按钮，如图 7-91 所示。

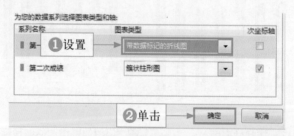

图 7-91　设置"更改图表类型"对话框中的参数

(8) 重坐标图制作完成，如图 7-92 所示。

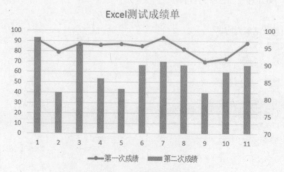

图 7-92　重坐标图制作完成

7.3.7 圆珠图

所谓圆珠图就是由普通条形图改变而来的，生动形象地用几颗小圆珠在横杆上滑动，可以快速了解数据的变化程度。下面还是以某班 2018 年的 2 次 Excel测试成绩为例，进行圆珠图的制作。

(1) 在 E 列加入辅助值 100，如图 7-93 所示。

	A	B	C	D	E	F
2	编号	姓名	第一次成绩	第二次成绩	辅助值	Y值
3	1002	张明	91	98	100	9.5
4	1003	吴沙	79	82	100	8.5
5	1004	安远	87	96	100	7.5
6	1005	聂冰	86	86	100	6.5
7	1006	高洁	87	83	100	5.5
8	1007	朱画	85	90	100	4.5
9	1008	江风	93	91	100	3.5
10	1009	许飞	82	90	100	2.5
11	1010	黄小云	70	82	100	1.5
12	1011	姚依林	73	88	100	0.5

图 7-93　在 E 列加入辅助值 100

(2) 选取单元格 A2 ~ E12，在菜单栏上❶单击"插入"菜单；❷单击"推荐的图表"按钮；在弹出的"插入图表"对话框中❸选择"簇状条形图"选项，如图 7-94 所示。

图 7-94　选择"簇状条形图"选项

(3) 双击纵坐标，在弹出的"设置坐标轴格式"对话框中，❶设置相应参数；再❷单击"关闭"按钮，如图 7-95 所示。

(4) 同样双击横坐标，设置最大值为 100.0，如图 7-96 所示。

图 7-95 "设置坐标轴格式"对话框

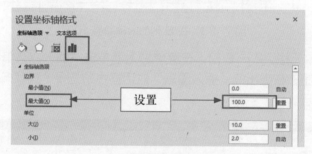

图 7-96 设置最大值为 100.0

(5) 进入"更改图表类型"对话框，进行相应的参数❶设置；再❷单击"确定"按钮，如图 7-97 所示。

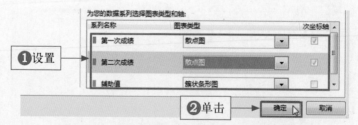

图 7-97 设置"更改图表类型"对话框中的参数

专家提醒

数据分析师在制作圆珠图的时候，组合使用散点图和条形图，可以很清晰地知道数据集中在哪个地方。

(6) 右击鼠标，在弹出的快捷菜单中选择"选择数据"命令，如图 7-98 所示。

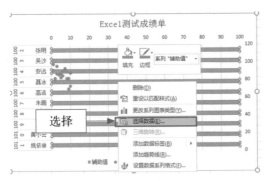

图 7-98 选择"选择数据"命令

(7) 在弹出的"选择数据源"对话框中，❶勾选"第一次成绩"复选框；❷单击"编辑"按钮，如图 7-99 所示。

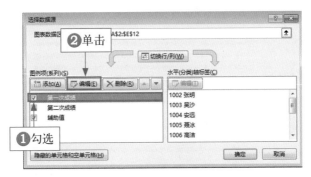

图 7-99 单击"编辑"按钮

(8) ❶设置"编辑数据系列"对话框中的参数；再❷单击"确定"按钮，如图 7-100 所示。

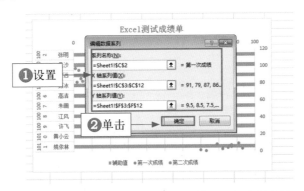

图 7-100 设置"编辑数据系列"对话框中的参数

(9) 用同样的方法，在"编辑数据系列"对话框中❶设置"第二次成绩"的相关参数；再❷单击"确定"按钮，如图 7-101 所示。

图 7-101　设置"第二次成绩"的相关参数

(10) 删除次要纵坐标，如图 7-102 所示。

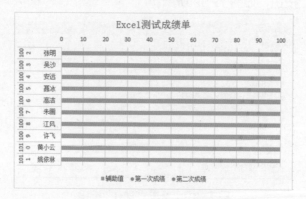

图 7-102　删除次要纵坐标

(11) 改变辅助值的颜色，圆珠图制作完成，如图 7-103 所示。

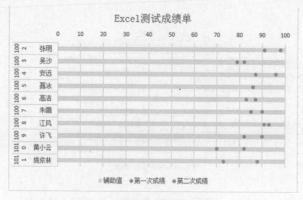

图 7-103　圆珠图制作完成

通过图 7-103 可以很明显地发现，聂冰的两次 Excel 成绩都没有发生变化，高洁的成绩有下降的趋势，姚依林的两次成绩有明显的进步，其他人的成绩都呈上升趋势。

7.3.8 蜘蛛网图

数据分析师有时会进行企业内部情况的分析，在分析各项财务指标之间的对比情况时，就可使用 Excel 2016 中的蜘蛛网图（又称为雷达图），以体现企业各项财务指标之间的变动情况和好坏趋势，如图 7-104 所示。

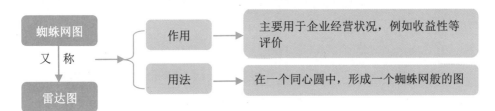

图 7-104　蜘蛛网图

使用蜘蛛网图进行数据分析时，企业数据出现的情况以及应对的方法，大致可以分为 3 点：

（1）若企业的相关数值在标准线以内，表示企业相关数值低于同行业的平均水平，那么就需要寻找解决的方法、找到改进的方向。

（2）若企业的相关数值越接近外圆，就表明企业的经营优势越好，那么企业可以延续使用以往经营策略。

（3）若企业的相关数值接近或者低于小圆，就表明企业经营处于非常危险的境地，这时企业应该快速想出办法应对困境。

专家提醒

数据分析师在制作蜘蛛网图的时候，可以根据图形数据所反映的情况，及时为企业提供相应的解决方案。

下面以某企业从第一个季度到第四个季度的支出数据为例，进行雷达图的制作，其操作如下。

（1）选择全部数据，❶单击"插入"菜单；❷单击"推荐的图表"；在弹出的对话框中❸选择"雷达图"；❹单击"带数据标记的雷达图"按钮；❺单击"确定"按钮，如图 7-105 所示。

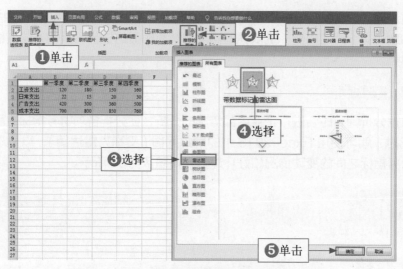

图7-105　单击"带数据标记的雷达图"按钮

(2) 完成蜘蛛网图的制作，如图7-106所示。

图7-106　蜘蛛网图制作完成

通过图7-106可以看出，公司从第一个季度到第三个季度，每个季度的支出数据都在增长。

7.3.9　温度计式图

企业要想了解员工的工作进度、产品的销售趋势等情况，数据分析师可以用温度计式图的形式制作图表，这样的图表既美观又便于快速理解。

下面以某企业部门员工工作进度表为例制作温度计式图表，其操作如下。

(1) ❶选中 A16 ~ B16 单元格；接着❷单击"插入"菜单；再❸单击"簇状柱形图"按钮，如图 7-107 所示。

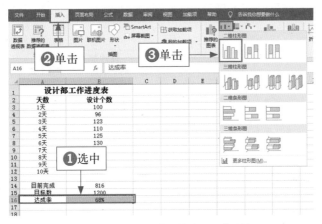

图 7-107　单击"簇状柱形图"按钮

(2) 单击插入的"簇状柱形图"，在菜单栏上❶单击"格式"菜单；❷输入合适的大小，如图 7-108 所示。

图 7-108　输入合适的大小

(3) 选中柱形条，进入"设置数据系列格式"对话框，设置参数，如图 7-109 所示。

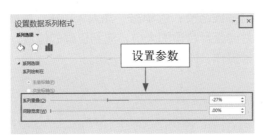

图 7-109　"设置数据系列格式"对话框

（4）双击纵坐标，在弹出的"设置坐标轴格式"对话框中，设置各参数，如图7-110所示。

（5）为得到的温度计式图填充颜色，使图好看一些，如图7-111所示。

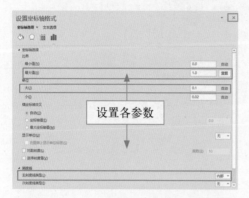

图7-110　"设置坐标轴格式"对话框

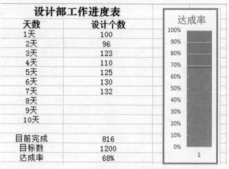

图7-111　温度计式图制作完成

7.4　文本展示

数据分析师面对的不单单是数据，还会遇到一些文本、图片等信息，需要展现出来。下面就来进一步了解数据分析师面对文本时，该如何进行美化。

7.4.1　插入图片

数据分析师在制作数据报告之前，可以在数据表格中加一些合适的图片，这样能增添数据的生动性，便于记忆。下面就以某公司设计部门员工2018年6月份的业绩图表为例，将公司员工照片插入数据图表中，让公司领导进一步认识自己的员工，其操作如下。

（1）打开数据图表，如图7-112所示。

（2）尽量将图表移到图表框的最右边，在菜单栏上❶单击"插入"菜单；❷单击"图片"按钮，如图7-113所示。

（3）❶选择相应的插图路径；❷单击"插入"按钮，如图7-114所示。

（4）将插入的图片调整至合适的大小，放到正确的位置，如图7-115所示。

（5）完成插入图片操作，如图7-116所示。

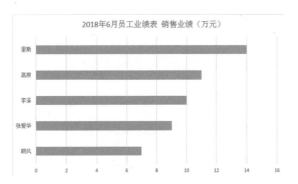

图 7-112　数据图表

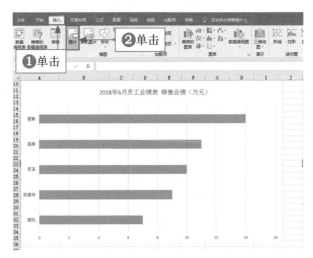

图 7-113　单击"图片"按钮

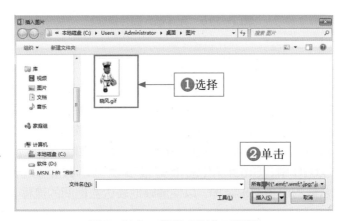

图 7-114　"插入图片"对话框

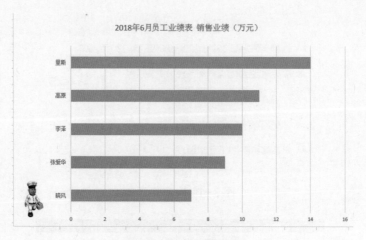

图 7-115 放置图片

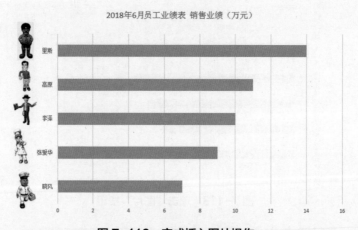

图 7-116 完成插入图片操作

7.4.2 SmartArt

在制作数据报告的过程中，若遇到逻辑关系展现的问题，用寥寥几句语句进行解释，定然不能将一些重要的关系体现出来。这时，数据分析师需要在数据报告中放置一些好看的、结构清晰的逻辑图解，以帮助阅读者理解。

数据分析师可以用 SmartArt 图形进行逻辑展现，如图 7-117 所示。

在 Excel 2016 中，SmartArt 图形有很多类型，数据分析师在做图形时，可以选择合适的逻辑图形结构，以便清晰地表达数据间的流程，如图 7-118 所示。

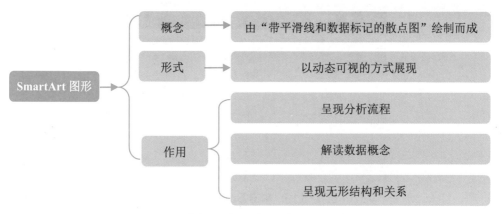

图 7-117　SmartArt

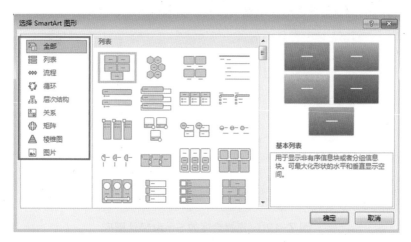

图 7-118　SmartArt 图形的类型

专家提醒

　　数据分析师需要按照需求选择相应的 SmartArt 图。例如，若需要展示递进关系，可以选择"流程图"；若要展示并列关系，就可以选择"列表图"等。

　　下面就来模拟消费者在网上购物的循环流程，在 Excel 2016 中利用 SmartArt 图形，进行图表的制作，其操作如下。

　　(1) 打开 Excel 2016，在菜单栏上❶单击"插入"菜单；❷单击 SmartArt 按钮，如图 7-119 所示。

图 7-119　单击 SmartArt 按钮

(2) 在"选择 SmartArt 图形"对话框中，❶选择"循环"选项；❷单击"基本循环"按钮；❸接着单击"确定"按钮，如图 7-120 所示。

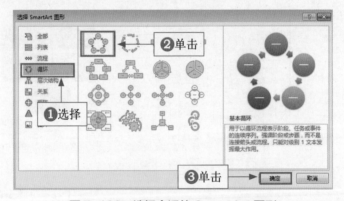

图 7-120　选择合适的 SmartArt 图形

(3) 在图形中输入对应的内容，即可完成制作，如图 7-121 所示。

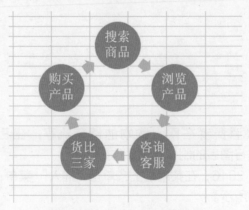

图 7-121　SmartArt 图完成

数据分析师还可以为图形选择适合的颜色，其操作如下。

(1) 单击流程图，在菜单栏上❶单击"设计"菜单；❷单击"更改颜色"按钮；在下拉列表中❸选择一个合适的颜色，如图 7-122 所示。

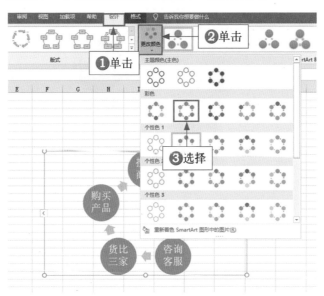

图 7-122 选择图形的颜色

SmartArt 图形的设计板块为图形提供了多种颜色选项和样式，数据分析师可以更改图形的主题颜色，选择适合文本的个性色，或者通过添加效果，例如三维立体效果来更改 SmartArt 图形的外观。

(2) 用鼠标右键单击流程图，❶单击"样式"；❷选择"强烈效果"，如图 7-123 所示。

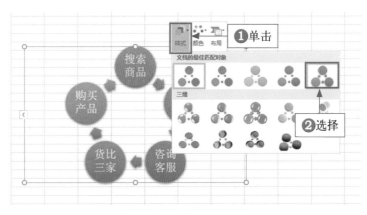

图 7-123 选择效果图

(3) 完成颜色更改，如图 7-124 所示。

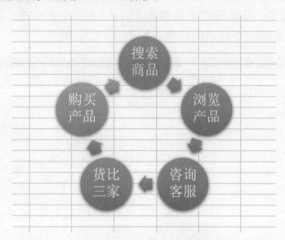

图 7-124　完成颜色更改

专家提醒

　　数据分析师还可以随时改变图形的形状、调整图形的展现效果，以及增加相应的图形内容等，使制作的图形更加丰富、精美。

第 8 章

扩展：数据分析函数学习

在 Excel 2016 中，数据分析师可以借助函数来辅助分析工作，提高数据分析的效率与质量。

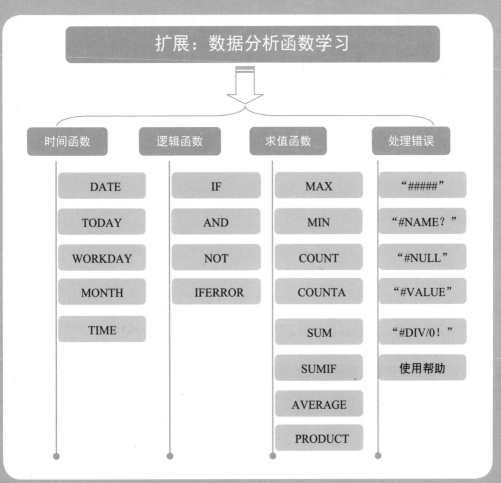

8.1 时间函数

在 Excel 2016 中有时间函数，如 DATE、TODAY、WORKDAY、MONTH、TIME、DATEVALUE、DAY、WEEKDAY 以及 WEEKNUM 等，数据分析师可以利用这些函数有效地进行数据分析工作。

8.1.1 组合日期

数据分析师在进行数据分析工作之前，所掌握的数据信息是杂乱的，需要对数据进行整合、清理，才能将数据运用到分析工作中。数据分析师可以运用 DATE 函数，快速组合日期信息，如图 8-1 所示。

图 8-1 DATE 函数

专家提醒

刚接触数据分析的新手们，往往认为 DATE 函数没有什么实质用处，数据分析师可以直接进行日期的输入，用 DATE 函数反而会显得麻烦。这样认为是不对的，若数据分析师需要将日期计算出来时，DATE 函数就特别有用了。

通过时间函数，可以在公式中处理日期值和时间值，例如可以用来计算两个日期间隔的天数，还可以计算员工的退休时间。

下面以小孩的出生记录表为例，运用 DATE 函数进行计算，操作如下。

(1) 打开数据表，选择需要放置数值结果的单元格，即 E2 单元格，如图 8-2 所示。

(2) 在 E2 单元格中输入公式：=DATE(B2, C2, D2)，按 Enter 键，如图 8-3 所示。

图 8-2　选择需要放置数值结果的单元格

图 8-3　输入公式

(3) 将鼠标指针放置在单元格 E2 的右下角，拖曳鼠标到 E9 单元格，如图 8-4 所示。

	A	B	C	D	E	F	G
1	姓名	年	月	日	合并时间		
2	李丽	1995	5	6	1995年5月6日		
3	张小兴	1998	1	17	1998年1月17日		
4	杨天	2002	3	15	2002年3月15日		
5	李龙	2008	6	25	2008年6月25日		
6	赵若涵	2010	4	18	2010年4月18日		
7	刘卿	2014	5	20	2014年5月20日		
8	欧阳兰	2014	8	8	2014年8月8日		
9	陈虹	2016	10	1	2016年10月1日		

图 8-4　填充公式求得出生日期

从图 8-4 中可以清晰地看到，李丽的出生日期为 1995 年 5 月 6 日。DATE 函数除了可以组合分散日期外，还能计算小孩的上学时间。假设小孩 6 岁入学，可以通过如下操作计算他们的上学时间。

(1) 在 F2 单元格中输入公式：=DATE(B2+6,C2,D2)，按 Enter 键，如图 8-5 所示。

(2) 将鼠标指针放置在单元格 F2 的右下角，拖曳鼠标到 F9 单元格，如图 8-6 所示。

图 8-5　输入公式

图 8-6　计算入学时间

8.1.2　突出实时

在 Excel 2016 中，TODAY 函数主要用来表示当前日期的序列号，如图 8-7 所示。

图 8-7　TODAY 函数

专家提醒

序列号是 Microsoft Excel 计算日期和时间使用的日期时间代码，如果在输入函数前，单元格的格式为"常规"，则结果将设为日期格式。

(1) 接下来，以表格输入当前日期为例对 TODAY 函数的运用进行解读。打开数据表，选择需要放置数值结果的单元格，即 E2 单元格，如图 8-8 所示。

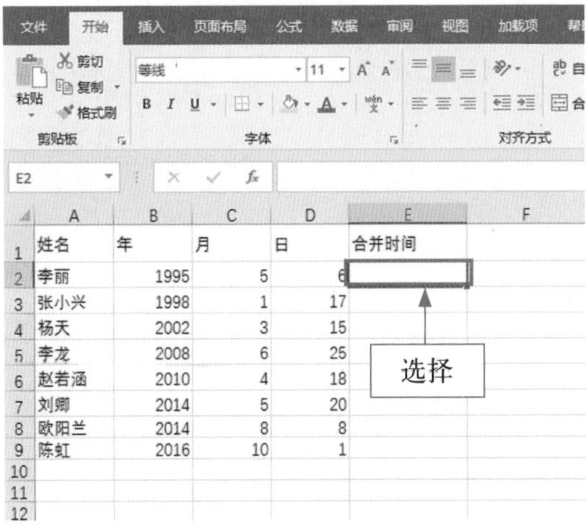

图 8-8　选择单元格

(2) 在单元格中输入公式：=TODAY()，如图 8-9 所示。

图 8-9　得到日期

从图 8-9 中，通过输入"TODAY()"公式，我们可以看出，表格当前输入日期为"2018 年 11 月 22 日"。

8.1.3　推算工作日

在 Excel 2016 中，数据分析师可以运用 WORKDAY 函数进行工作日时间的推算，例如，可以用来计算发票的到期日，或者工厂的交货日期，如图 8-10 所示。

图 8-10　WORKDAY 函数

下面以某公司对两个项目的开展时间为例，进行 WORKDAY 函数计算各自的结算时间。

（1）打开数据表，选择需要放置数值结果的单元格，即 D2 单元格，如图 8-11 所示。

图 8-11　选择单元格

（2）在单元格中输入公式 := WORKDAY（B2, C2, B8: B10），如图 8-12所示。

图 8-12　输入公式

专家提醒

在图 8-12 中可以看到 D2 单元格出现了乱码 "#VALUE!"，说明在这一步操作的时候出现了错误，可以单击 "感叹" 按钮，查看原因，还可以单击查看 "关于此错误的帮助"，找到解决的办法。

(3) ❶选择 B2 单元格，单击鼠标右键；在弹出的快捷菜单中❷选择 "设置单元格格式" 命令，如图 8-13 所示。

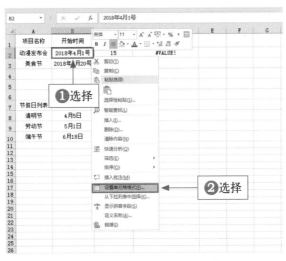

图 8-13　选择 "设置单元格格式" 命令

(4) 弹出 "设置单元格格式" 对话框，❶选择 "日期" 分类；❷选择 "2012/3/14" 选项；❸单击 "确定" 按钮，如图 8-14 所示。

图 8-14　选择"2012/3/14"选项

(5) 在单元格 D2 中输入公式：= WORKDAY (B2,C2,B8:B10)，如图 8-15 所示。

(6) 将鼠标指针放置在单元格 D2 的右下角，拖曳鼠标到 D3 单元格，如图 8-16 所示。

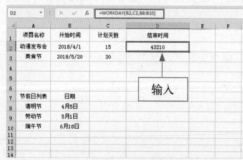

图 8-15　数据调整完成　　　　**图 8-16　拖曳鼠标到 D3 单元格**

专家提醒

之前数据出现错误，是因为所选择的日期"2018 年 4 月 1 日"属于文本型，而不是数值型。

(7) 再次进入"设置单元格格式"对话框，单击"日期"，选择"2012 年 3 月 14 日"选项，即可完成结束时间的计算，如图 8-17 所示。

	A	B	C	D	E
1	项目名称	开始时间	计划天数	结束时间	
2	动漫发布会	2018/4/1	15	2018年4月20日	
3	美食节	2018/5/20	30	2018年6月29日	
4					
5					
6					
7	节假日列表	日期			
8	清明节	4月5日			
9	劳动节	5月1日			
10	端午节	6月18日			
11					
12					

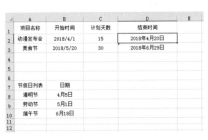

图 8-17　完成结束时间的计算

8.1.4　提出月份

在 Excel 2016 中，MONTH 函数可以让数据分析师快速进行月份的提取，如图 8-18 所示。

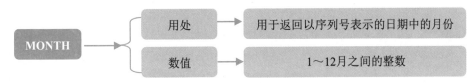

图 8-18　MONTH 函数

专家提醒

MONTH 函数的语法是：MONTH(serial_number)，其中 serial_number 表示要查找的月份的日期。

下面以某公司随机抽取消费者的数据记录为例，运用 MONTH 函数，挑出消费月份，操作如下。

(1) 打开数据表，选择单元格 C3，输入公式：=MONTH(B3)，如图 8-19 所示。

(2) 将鼠标指针放置在单元格 C3 的右下角，拖曳鼠标到 C13 单元格，如图 8-20 所示。

图 8-19　输入公式

	A	B	C	D
1	会员购买时间			
2	会员编号	日期	购买月份	
3	135	2018/1/3	1	
4	163	2018/5/4	5	
5	91	2018/1/5	1	
6	81	2018/6/6	6	
7	110	2018/2/7	2	
8	97	2018/2/8	2	
9	70	2018/5/9	5	
10	178	2018/5/10	5	
11	187	2018/2/11	2	
12	72	2018/3/12	3	
13	158	2018/1/13	1	
14				

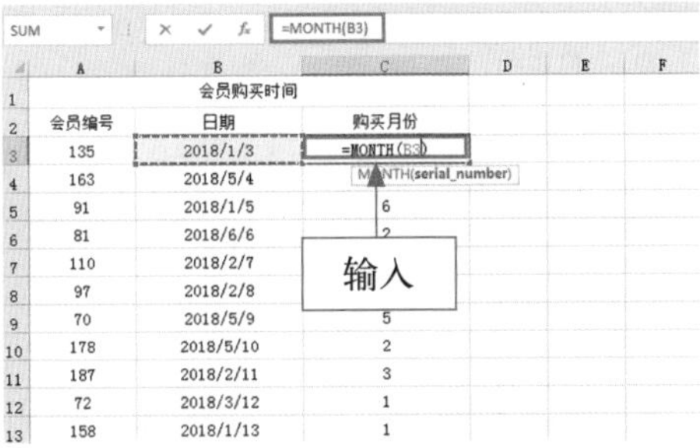

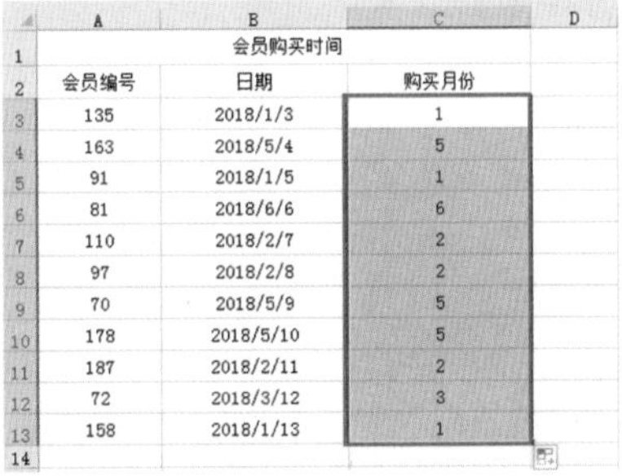

图 8-20　拖曳鼠标到 C13 单元格

8.1.5 时分秒值

在 Excel 2016 中，TIME 函数主要用于返回时间，可精确到时、分、秒，如图 8-21 所示。

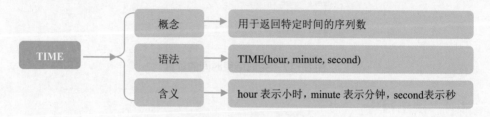

TIME	概念	用于返回特定时间的序列数
	语法	TIME(hour, minute, second)
	含义	hour 表示小时，minute 表示分钟，second 表示秒

图 8-21　TIME 函数

专家提醒

　　TIME 在 Excel 中是一个时间函数，当用户输入该函数时，首先要设置单元格的格式为"时间"，则输入函数得到的结果将为设置的时间格式。

下面以某公司 1 月份前半月的考勤数据表为例，介绍 TIME 函数的操作。

(1) 打开一个 Excel 文件，选择单元格 E3，输入 :=TIME(B3,C3,D3)，如图 8-22 所示。

(2) 将鼠标指针放置在单元格 E3 的右下角，拖曳鼠标到 E10 单元格，如图 8-23 所示。

图 8-22　输入公式

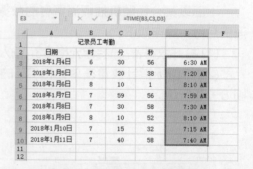

图 8-23　完成 TIME 函数操作

8.2　逻辑函数

数据分析师进行数据分析工作时，会遇到需要判断真假值或者复核检验的情

况，这时就可以运用 Excel 2016 中的逻辑函数快速进行检验。在 Excel 2016 中，常用的逻辑函数主要包括 IF、AND、NOT、IFERROR 等。

8.2.1　IF

IF 在 Excel 2016 中是一种判断式函数，如图 8-24 所示。

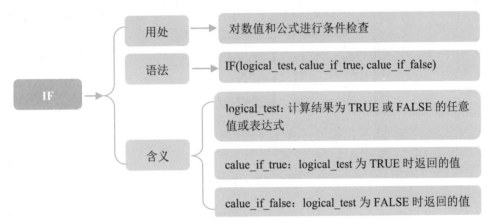

图 8-24　IF 函数

下面以检验某工厂制作零部件质量统计表为例，运用 IF 函数检验生产的零件是否合格，即零部件的重量大于或等于 8.5 千克为合格，操作如下。

(1) 打开数据表格，如图 8-25 所示。

(2) 在单元格 C3 中输入公式：=IF(B3>=8.5,"合格","不合格")，如图 8-26 所示。

(3) 将鼠标指针放置在单元格 C3 的右下角，拖曳鼠标到 C7 单元格，如图 8-27 所示。

图 8-25　数据表格　　　　　　**图 8-26　输入公式**

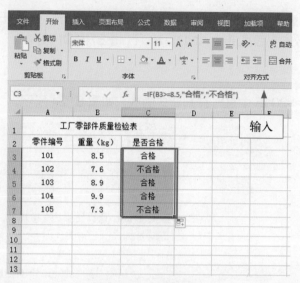

图 8-27　完成操作

 专家提醒

　　通过图 8-27 中，可以看到产品编号 101、103、104 这 3 个零部件合格，其他零部件不合格。

8.2.2　满足条件

　　数据分析师若需要设置条件进行数据判断时，就可以运用 Excel 2016 中的 AND 函数，从而做出一条或多条逻辑表达式是否同时满足的判断，在 AND 函数里，如果所有的参数都是真，那么返回的就是真 (TRUE)，否则为假 (FALSE)，如图 8-28 所示。

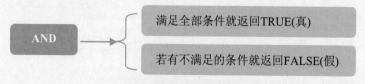

图 8-28　AND 函数

　　下面以某企业的员工面试表为例，运用 AND 函数，评选出满足条件的面试人员。一般面试的时候都会有好几名面试官，要求所有的面试官给出的成绩都为 85 分及以上才为面试通过，具体操作如下。

(1) 打开数据表格，如图 8-29 所示。

(2) 在单元格 E3 中输入公式：=AND(B3>= 85,C3>=85,D3>=85)，如图 8-30 所示。

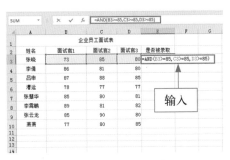

企业员工面试表

姓名	面试官1	面试官2	面试官3	是否被录取
张晓	73	85	80	
李倩	86	81	80	
吕申	87	88	85	
漕运	78	77	77	
张慧华	85	80	81	
李霄鹏	89	81	82	
张云龙	85	90	80	
萧萧	77	80	85	

图 8-29　数据表格

SUM　=AND(B3>=85,C3>=85,D3>=85)

企业员工面试表

姓名	面试官1	面试官2	面试官3	是否被录取
张晓	73	85	80	=AND(B3>=85, C3>=85, D3>=85)
李倩	86	81	80	
吕申	87	88	85	
漕运	78	77	77	
张慧华	85	80	81	
李霄鹏	89	81	82	
张云龙	85	90	80	
萧萧	77	80	85	

输入

图 8-30　输入公式

(3) 将鼠标指针放置在单元格 E3 的右下角，拖曳鼠标到 E10 单元格，如图 8-31 所示。

企业员工面试表

姓名	面试官1	面试官2	面试官3	是否被录取
张晓	73	85	80	FALSE
李倩	86	81	80	FALSE
吕申	87	88	85	TRUE
漕运	78	77	77	FALSE
张慧华	85	80	81	FALSE
李霄鹏	89	81	82	FALSE
张云龙	85	90	87	TRUE
萧萧	77	80	85	FALSE

图 8-31　完成操作

通过图 8-31 可以看出，面试人员张云龙和吕申满足录取条件，可以录取为公司员工。

专家提醒

在 Excel 函数的输入中，数据分析师切记标点符号要在输入法为英文状态下时使用，否则很容易出错。

8.2.3　参数求反

在 Excel 中，NOT 是一个非常有意思的函数，它可将一个条件为真的数值命名为 FALSE(假)，将条件为假的数值命名为 TRUE(真)，如图 8-32 所示。

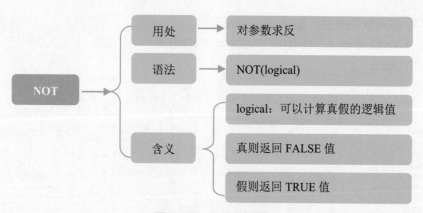

图 8-32　NOT 函数

下面以某企业员工工作完成表为例，介绍 NOT 函数的用法，其操作如下。

(1) 打开数据表格，如图 8-33 所示。

(2) 在单元格 D3 中输入公式：=NOT(B3=5000)，如图 8-34 所示。

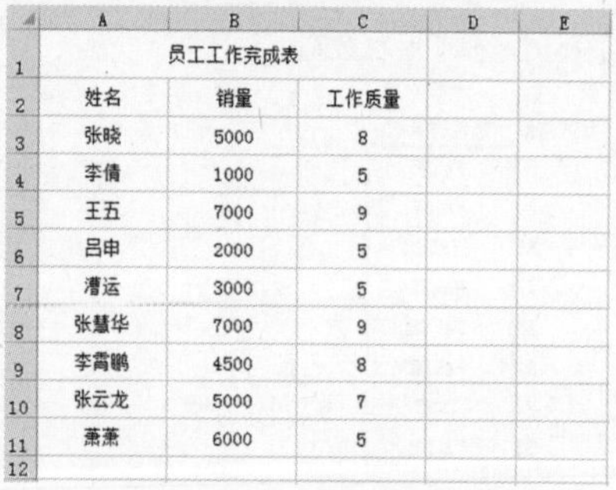

员工工作完成表		
姓名	销量	工作质量
张晓	5000	8
李倩	1000	5
王五	7000	9
吕申	2000	5
漕运	3000	5
张慧华	7000	9
李青鹏	4500	8
张云龙	5000	7
萧萧	6000	5

图 8-33　数据表格

员工工作完成表			
姓名	销量	工作质量	
张晓	5000	8	FALSE
李倩	1000	5	
王五	7000	9	
吕申	2000	5	
漕运	3000	5	
张慧华	7000	9	
李青鹏	4500	8	
张云龙	5000	7	
萧萧	6000	5	

图 8-34　输入公式

(3) 将鼠标指针放置在单元格 D3 的右下角，拖曳鼠标到 D11 单元格，如图 8-35 所示。

员工工作完成表			
姓名	销量	工作质量	
张晓	5000	8	FALSE
李倩	1000	5	TRUE
王五	7000	9	TRUE
吕申	2000	5	TRUE
漕运	3000	5	TRUE
张慧华	7000	9	TRUE
李青鹏	4500	8	TRUE
张云龙	5000	7	FALSE
萧萧	6000	5	TRUE

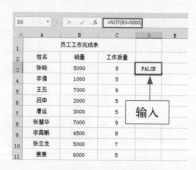

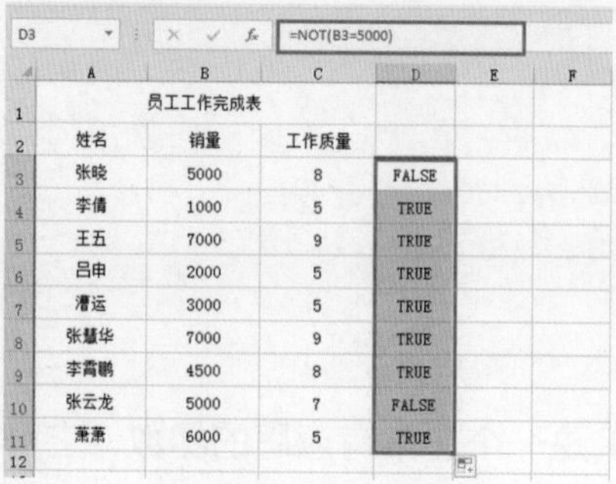

图 8-35　完成操作

通过图 8-35 可以看出,员工张晓和张云龙的销量是 5000。

8.2.4 捕捉错误

在 Excel 2016 中,数据分析师还可以运用 IFERROR 函数,捕获和处理公式中的错误,如图 8-36 所示。

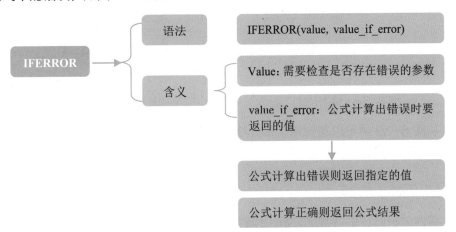

图 8-36 IFERROR 函数

下面介绍 IFERROR 函数的操作。

(1) 打开数据表格,如图 8-37 所示。

▲	A	B	C	D
1	15	0		
2			#NAME?	
3	&			
4	~			
5	~			
6	12	1		
7	!			
8				
9				
10				
11				

图 8-37 数据表格

(2) 在单元格 C1 中输入公式: =IFERROR(A1/B1, " 错误 "),再按 Enter 键,如图 8-38 所示。

(3) 将鼠标指针放置在单元格 C1 的右下角,拖曳鼠标到 C7 单元格,如图 8-39 所示。

图 8-38　输入公式

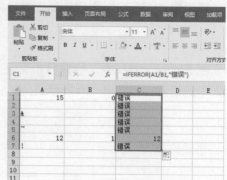

图 8-39　完成操作

从图 8-39 中可以看到除了单元格 A6 和 B6 中的数据是正确值之外，其他单元格中的数据都需要进行更换。

8.3　求值函数

数据分析师在进行数据分析工作时，总会遇到分析数据中的最大值、最小值、汇总值等方面的计算问题，这时就可以运用 MAX、MIN 等函数来处理。

8.3.1　最大值

在 Excel 2016 中，MAX 是一个用于返回一组值中的最大值的函数。下面就运用 MAX 函数，计算出班级里数学最好的成绩，其操作如下。

（1）打开数据表格，如图 8-40 所示。

（2）在单元格 C2 中输入公式：=MAX(B1:B15)，按 Enter 键，如图 8-41所示。

图 8-40　数据表格

图 8-41　输入公式

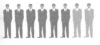

(3) 完成函数运算，如图 8-42 所示。

	A	B	C	D	E
1	学号	数学	最好成绩		
2	1	86	98		
3	2	85			
4	3	75			
5	4	86			
6	5	34			
7	6	48			
8	7	15			
9	8	75			
10	9	98			
11	10	45			
12	11	98			
13	12	97			
14	13	96			
15	14	75			

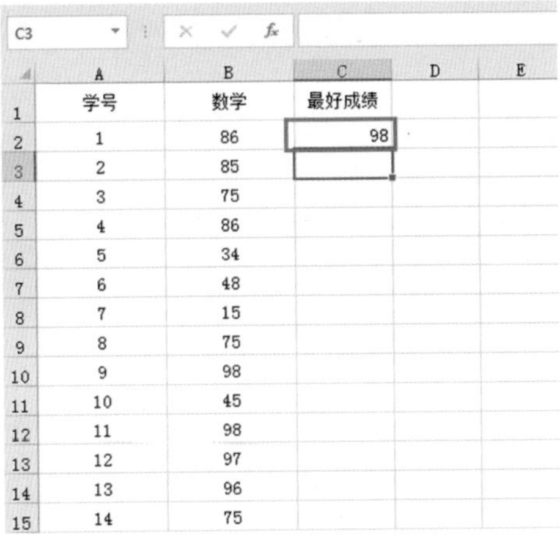

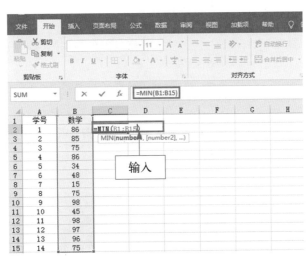

图 8-42　完成运算

通过图 8-42 可以看出此班级数学最好成绩为 98 分。

8.3.2　最小值

在 Excel 2016 中，MIN 是一个用于返回一组值中的最小值的函数。利用 MIN 函数可以计算出班级里数学最差的成绩，操作如下。

(1) 打开数据表格，在单元格 C2 中输入公式：=MIN(B1:B15)，如图 8-43 所示。

	A	B	C
1	学号	数学	
2	1	86	=MIN(B1:B15)
3	2	85	
4	3	75	
5	4	86	
6	5	34	
7	6	48	
8	7	15	
9	8	75	
10	9	98	
11	10	45	
12	11	98	
13	12	97	
14	13	96	
15	14	75	

图 8-43　输入公式

(2) 完成函数运算，如图 8-44 所示。

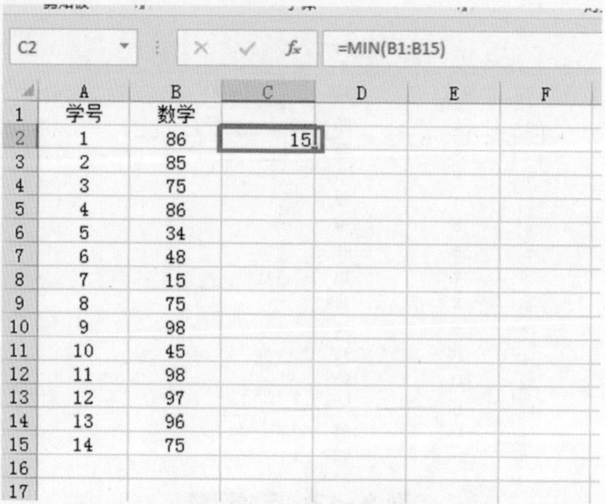

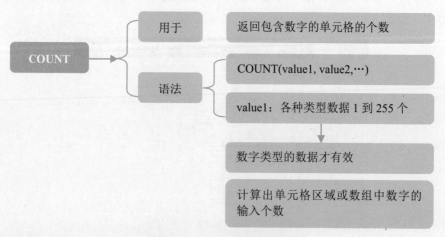

图 8-44 完成函数运算

通过图 8-44 可以看出此班级数学最差的成绩为 15 分。

8.3.3 数据个数

数据分析师若需要汇总数据表格中数据的个数，就可以运用 Excel 2016 中的 COUNT 函数，如图 8-45 所示。

图 8-45 COUNTA 函数

下面以某公司季度业绩表为例，运用 COUNT 函数汇总出总数据个数，操作如下。

(1) 打开数据表格，如图 8-46 所示。

(2) 在单元格 C15 中输入公式：=COUNT(B5:E14)，如图 8-47 所示。

季度业绩表			
部门	第一季度	第二季度	第三季度	第四季度
广告部	71673	180104	234552	78908
销售部	50437	132742	9447	15804
销售部	140268	11742	1424	61174
销售部	145052	201836	159707	176663
广告部	128328	226993	34584	173169
广告部	71366	192229	233521	186627
广告部	94442	130977	70285	4369
广告部	154215	164804	143246	17818
广告部	64082	113400	231884	208479
广告部	27436	187561	27805	90669
总数据个数				

图 8-46　数据表格　　　　　　图 8-47　输入公式

(3) 操作完成，如图 8-48 所示。

季度业绩表			
部门	第一季度	第二季度	第三季度	第四季度
广告部	71673	180104	234552	78908
销售部	50437	132742	9447	15804
销售部	140268	11742	1424	61174
销售部	145052	201836	159707	176663
广告部	128328	226993	34584	173169
广告部	71366	192229	233521	186627
广告部	94442	130977	70285	4369
广告部	154215	164804	143246	17818
广告部	64082	113400	231884	208479
广告部	27436	187561	27805	90669
总数据个数		40		

图 8-48　操作完成

通过图 8-48 可以看出此表中的数据个数是 40 个。

8.3.4　不计空格

若数据表格中的数据之间存在空格，计算数据个数时会比较麻烦，这时可以考虑运用 COUNTA 函数进行计算，如图 8-49 所示。

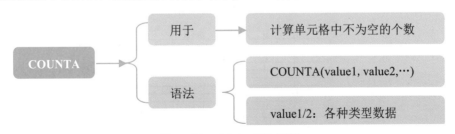

图 8-49　COUNTA 函数

下面就来运用COUNTA函数，计算包含空单元格的数据表格中数据的个数，操作如下。

(1) 打开数据表格，如图8-50所示。

图8-50　数据表格

(2) 在单元格F1中输入公式：=COUNTA(A1:C12)，如图8-51所示。

图8-51　输入公式

(3) 操作完成，如图8-52所示。

图8-52　操作完成

通过图 8-52 可以看出，表格中一共有 24 个数据。

8.3.5 数据汇总

在 Excel 2016 中，使用 SUM 函数能快速进行数据汇总工作。下面就以某公司 2018 年上半年的饼干销售业绩表为例，进行销售汇总，操作如下。

(1) 打开数据表格，如图 8-53 所示。

(2) 在单元格 B9 中输入公式：=SUM(B3:E8)，如图 8-54 所示。

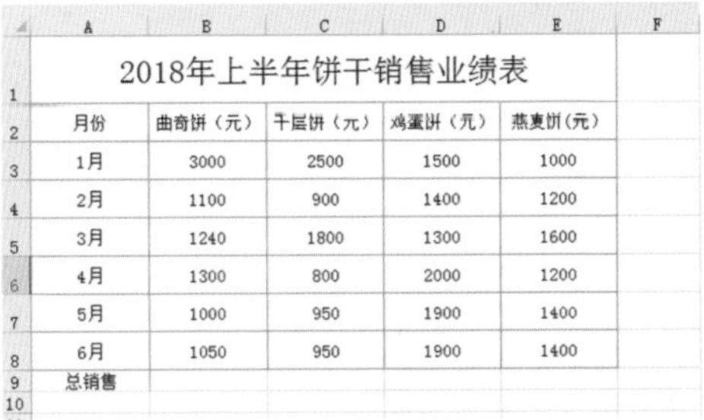

图 8-53　数据表格

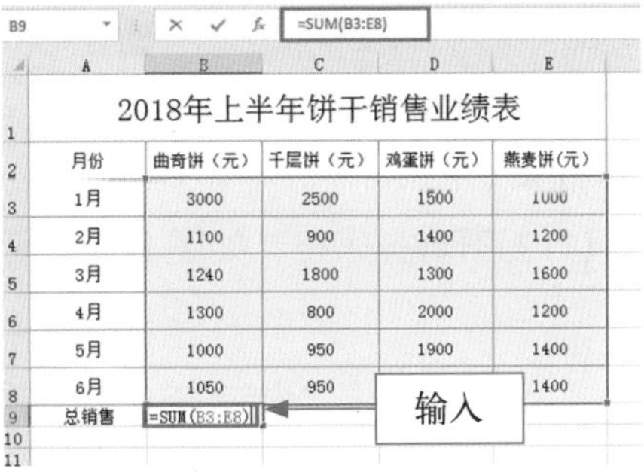

图 8-54　输入公式

(3) 操作完成，如图 8-55 所示。

2018年上半年饼干销售业绩表				
月份	曲奇饼（元）	千层饼（元）	鸡蛋饼（元）	燕麦饼（元）
1月	3000	2500	1500	1000
2月	1100	900	1400	1200
3月	1240	1800	1300	1600
4月	1300	800	2000	1200
5月	1000	950	1900	1400
6月	1050	950	1900	1400
总销售	34390			

图 8-55　操作完成

通过图 8-55 可以看出，该公司 2018 年上半年的总销售额为 34390 元。

8.3.6 指定求和

在 Excel 2016 中，可以运用 SUMIF 函数进行指定条件的求和操作，如图 8-56 所示。

图 8-56　SUMIF 函数

下面以某工厂材料报表为例，运用 SUMIF 函数，对领用的水泥进行统计，操作如下。

(1) 打开数据表格，如图 8-57 所示。

	A	B	C	D	E	F	G
1			材料报表				
2	领料部门	材料编号	材料名称	等级	单位	领用数量	金额
3	一车间	SM903-15	水泥	一级	袋	13	1200
4	一车间	SM903-16	钢筋	一级	根	13	1200
5	三车间	SM903-17	水泥	一级	袋	10	1000
6	一车间	SM903-18	钢筋	一级	根	14	1300
7	三车间	SM903-19	水泥	一级	袋	7	700
8	三车间	SM903-20	水泥	一级	袋	12	1200
9	一车间	SM903-21	钢筋	一级	根	12	1200
10	三车间	SM903-22	水泥	一级	袋	10	1000
11	一车间	SM903-23	水泥	一级	袋	13	1300
12	一车间	SM903-24	水泥	一级	袋	7	700
13	三车间	SM903-25	钢筋	一级	根	12	1200
14	一车间	SM903-26	钢筋	一级	根	12	1200
15	三车间	SM903-27	水泥	一级	袋	10	1000
16	三车间	SM903-28	钢筋	一级	根	13	1300
17	一车间	SM903-29	钢筋	一级	根	7	700
18	一车间	SM903-30	钢筋	一级	根	12	1200
19	一车间	SM903-31	钢筋	一级	根	12	1200
20	三车间	SM903-32	钢筋	一级	根	6	1000
21	一车间	SM903-33	水泥	一级	袋	13	1300
22	三车间	SM903-34	钢筋	一级	根	10	700
23							
24			统计水泥共领用数量				
25							

图 8-57　数据表格

专家提醒

　　SUMIF 函数是 Excel 中常用的函数，它可以对数据表格中符合指定条件的数据进行求和，还可以帮助数据分析师分析数据报表中各栏目的总流量。

(2) 在单元格 F24 中输入公式：=SUMIF(C3:C22, 水泥 ,F3:F22)，如图 8-58 所示。

图 8-58 输入公式

(3) 操作完成，如图 8-59 所示。

图 8-59 操作完成

通过图 8-59 可以看出，水泥共领用了 107 袋。

8.3.7 平均值

在 Excel 2016 中，可以运用 AVERAGE 函数进行平均值的计算，如图 8-60 所示。

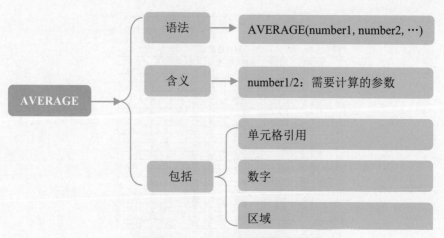

图 8-60　AVERAGE 函数

下面以某班期中数学成绩为例，运用 AVERAGE 函数，计算出此班级期中考试的数学平均成绩，操作如下。

(1) 打开数据表格，如图 8-61 所示。

专家提醒

　　数据分析师还可以在菜单栏上单击"开始"菜单，单击"求和"右侧的"三角"按钮，在弹出的下拉列表框中选择"平均值"选项，也能进行平均函数 (AVERAGE) 的操作，计算出数据的平均值。

(2) 在单元格 C4 中输入公式：=AVERAGE(B4:B15)，如图 8-62 所示。

图 8-61　数据表格

图 8-62　输入公式

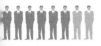

(3) 操作完成，如图 8-63 所示。

C4 =AVERAGE(B4:B15)

	A	B	C	D	E
1	数学成绩				
2					
3	学号	数学	平均值		
4	1	35	73.08333333		
5	2	95			
6	3	65			
7	4	82			
8	5	49			
9	6	77			
10	7	80			
11	8	50			
12	9	90			
13	10	86			
14	11	93			
15	12	75			
16					
17					
18					

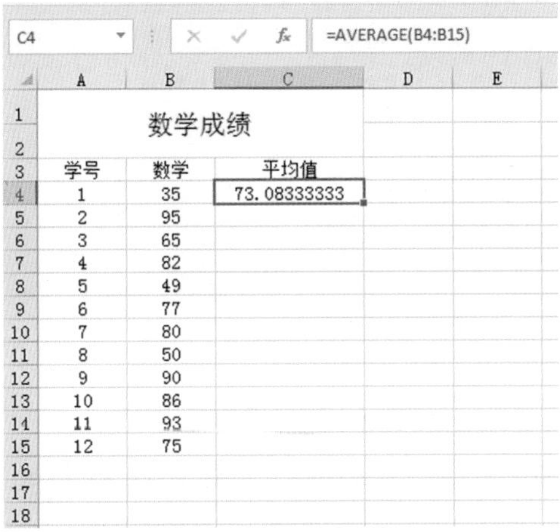

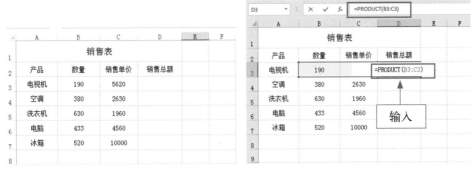

图 8-63 操作完成

通过图 8-63 可以看出，该班数学平均成绩大约为 73 分。

8.3.8 乘积计算

数据分析师在进行数据分析时，会运用到 PRODUCT 函数，针对各个数值，进行相乘计算。下面就以某公司在 2018 年 11 月份产品销售表为例，计算各产品的销售总额，其操作如下。

(1) 打开数据表格，如图 8-64 所示。

(2) 在单元格 D3 中输入公式：=PRODUCT(B3:C3)，如图 8-65 所示。

	A	B	C	D	E	F
1	销售表					
2	产品	数量	销售单价	销售总额		
3	电视机	190	5620			
4	空调	380	2630			
5	洗衣机	630	1960			
6	电脑	433	4560			
7	冰箱	520	10000			
8						

图 8-64 数据表格

D3 =PRODUCT(B3:C3)

	A	B	C	D	E	F
1	销售表					
2	产品	数量	销售单价	销售总额		
3	电视机	190		=PRODUCT(B3:C3)		
4	空调	380	2630			
5	洗衣机	630	1960			
6	电脑	433	4560			
7	冰箱	520	10000			
8						
9						

图 8-65 输入公式

(3) 将鼠标指针放置在单元格 D3 的右下角，拖曳鼠标到 D7 单元格，如图 8-66 所示。

D3 =PRODUCT(B3:C3)

	A	B	C	D	E	F
1	销售表					
2	产品	数量	销售单价	销售总额		
3	电视机	190	5620	1067800		
4	空调	380	2630	999400		
5	洗衣机	630	1960	1234800		
6	电脑	433	4560	1974480		
7	冰箱	520	10000	5200000		
8						
9						
10						

图 8-66　操作完成

通过图 8-66 可以看出，2018 年 11 月份该公司的电视机销售总额为 1067800 元、空调为 999400 元、洗衣机为 1234800 元、电脑为 1974480 元、冰箱为 5200000 元。

8.4　处理错误

数据分析师在 Excel 2016 中运用函数时，可能会因为操作不当，计算出错误值，此时不要慌张，一定要耐心地寻找错误来源以及解决方法。

	A	B	C	D
1	正确的样子		错误的样子	
2	2015年12月1日		#####	
3	2015年12月2日			
4	2015年12月3日			
5	2015年12月4日			
6	2015年12月5日			
7	2015年12月6日			
8	2015年12月7日			
9	2015年12月8日			

图 8-67　“#####”错误出现

8.4.1　关于日期

数据分析师在输入日期时，最容易出现“#####”错误，如图 8-67 所示。出现“#####”错误的原因一般有两种，如图 8-68 所示。

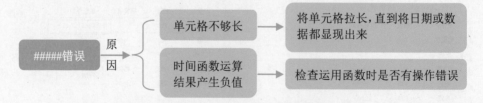

图 8-68　“#####”错误的原因及解决方案

8.4.2　关于公式

数据分析师在运用公式时，最容易出现“#NAME？”错误，如图 8-69 所示。

图 8-69　"#NAME？"错误出现

专家提醒

出现 "#NAME？" 错误的原因一般有两种：公式名称错误或公式引用错误。这个时候可不要轻易放弃，需要找出错误的原因，然后再寻找解决方案。

寻找解决的办法如图 8-70 所示。

更改合适的公式名称

查看公式使用是否正确

将表格设置为公式的可使用格式

#NAME?解决错误方案

公式中的所有区域引用都需要使用冒号 "："

使用公式前确定公式名称是否正确

直接更改函数名称

图 8-70　"#NAME？"错误解决方案

8.4.3　关于引用

数据分析师在运用公式时，需要引用合适的单元格或运算符，不然容易出现 "#NULL" 错误，如图 8-71 所示。

"#NULL" 错误出现的原因及解决方案，如图 8-72 所示。

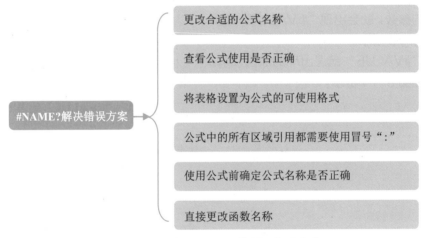

图 8-71　"# NULL"错误出现

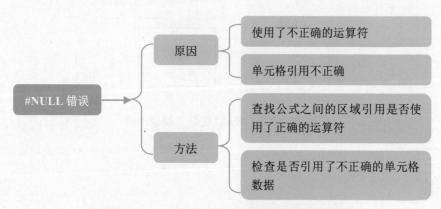

图8-72　"#NULL"错误出现的原因及解决方案

8.4.4　关于参数

数据分析师在使用参数时，若使用不匹配的参数，就会出现"# VALUE"错误，如图8-73所示。

"#VALUE"错误出现的原因及解决方案如图8-74所示。

图8-73　"#VALUE"错误出现

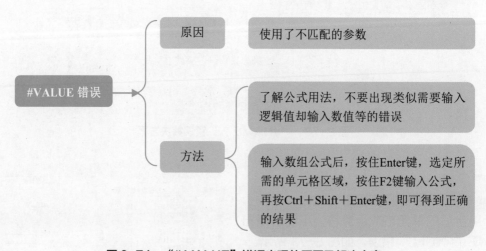

图8-74　"# VALUE"错误出现的原因及解决方案

8.4.5　关于空白

数据分析师在进行"除法"操作时，操作不当会碰到"# DIV/O!"错误，如图 8-75 所示。

图 8-75　"#DIV/0！"错误出现

出现"#DIV/0！"错误的原因一般有两种，数据分析师可以找到相应的解决方法来改正错误值，如图 8-76 所示。

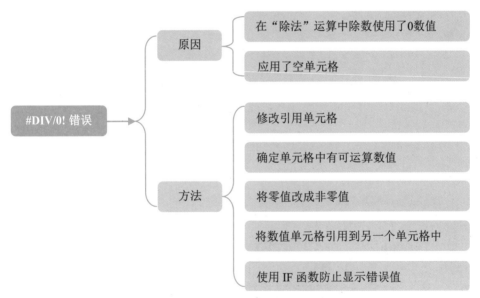

图 8-76　"#DIV/0！"错误出现的原因及解决方案

8.4.6　寻找错误

如果数据分析师在进行数据分析时，遇到了错误值，又不知道出现的原因，就可以利用 Excel 2016 中的"帮助"功能，快速找到问题所在以及解决办法，操作如下。

(1) 单击错误值左边的"感叹号"按钮，如图 8-77 所示。

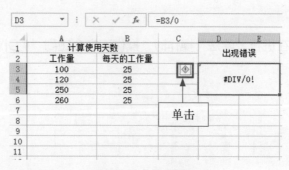

图8-77 单击按钮

使用帮助功能时，有多种解决问题的方法，数据分析师可以参考 Excel 提供的解决方案来处理错误值。

(2) 在下拉列表框中选择"关于此错误的帮助"选项，如图 8-78 所示。

专家提醒

- "被零除"错误：直接告诉数据分析师出错的地方。
- "关于此错误的帮助"：帮助数据分析师解决问题，提供方法。
- "显示计算步骤"：在弹出的对话框中可以显示数据分析师计算时进行的步骤，方便观察。
- "忽略错误"：数据分析师可以选择此项，直接忽视错误项。
- "在编辑栏中编辑"：重新输入公式。
- "错误检查选项"：进入"Excel 选项"对话框，设置错误检查规则，如图 8-79 所示。

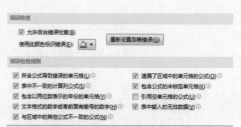

图8-78 选择"关于此错误的帮助"选项　　图8-79 设置"错误检查规则"

(3) 弹出"帮助"对话框，其中提供了解决错误值的方法与步骤，如图 8-80 所示。

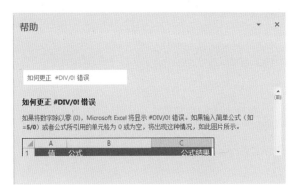

图 8-80　"帮助"对话框

数据分析师只需根据"帮助"对话框中提供的方法，即可解决错误值的问题。

在对话框的最后会出现帮助提示，若在 Excel 中启用了错误检查，可以单击"感叹号"按钮 ◈ 再单击计算步骤，找到适合的数据解决方法，如图 8-81 所示。

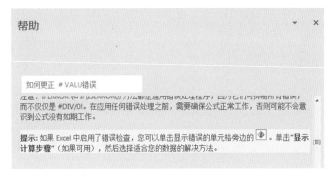

图 8-81　帮助提示

第 9 章

竞争：与同行之间的角逐

企业要想成为同行业中的佼佼者，就必须知道"知己知彼，百战不殆"的道理，通过分析竞争对手的相关数据，从数据中获取竞争对手未来的发展走向、进行的营销战术等方面的信息，从而制定合理的企业经营战略，找到打败竞争对手的新手段。

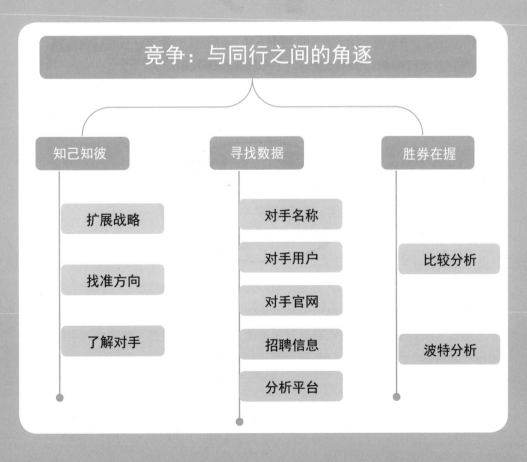

9.1　知己知彼

对于企业来说，竞争对手是企业成为市场佼佼者的阻碍之一，更是陪伴企业成长的同路人。俗话说得好："最了解自己的人往往不是自己最要好的朋友，而是陪伴自己多年的竞争对手。"因此，企业进行竞争对手分析也是数据分析工作中不可缺少的一环，知己知彼，方能百战不殆。

9.1.1　扩展战略

企业进行竞争对手分析的好处其实非常多，不同的目的就有不同的收获，不管是出于何种目的，企业通过竞争对手分析出来的信息，要以"求真务实"的精神，落实到企业自身战略的整体框架中去，如图 9-1 所示。

图 9-1　企业战略框架

企业需要选择一个适合的分析方法对竞争对手进行分析，可以从 4 个方面进行分析，如图 9-2 所示。

图 9-2　企业对竞争对手分析的 4 个方面

进行竞争对手的分析，可以得到不少的收获，如图 9-3 所示。

通过了解竞争对手，可以吸取对手的优点并运用，通过了解竞争对手的不足可以避开雷区。

图9-3 竞争对手分析的收获

通过分析对手用户，可以掌握用户对产品的需求，从而提升产品的质量，增加用户对产品的满意度，也可以从侧面挖掘用户的需求。

通过挖掘竞争对手，能判断对手的战略意图，从而制作战略计划，展开措施进行防御。

专家提醒

企业分析竞争对手的目的，一般都是为了准确判断竞争对手的战略定位和发展方向，通过分析出来的数据结果，进行自身战略的调整，并预测竞争对手未来的发展战略，进一步做出防御、扩展自身发展、营销、运营等方面的可实性战略，势必让自身与对手保持在一个阶段，甚至超越竞争对手。

9.1.2 找准方向

很多企业在进行竞争对手分析工作时，都是盲目的，但凡是与竞争对手有关的数据，通通收集起来，进行胡乱分析，这样是不科学的，而且实用性不强。而数据分析师在企业与竞争对手之间起着非常重要的作用，更是企业与竞争对手的"优质连接点"。

数据分析师需要帮助企业找准分析方向，一定要具体问题具体分析，要有目的地进行竞争对手分析工作，只有这样，挖掘出来的数据"故事"才是"求真务实"的、有价值的。例如，企业想要知道自己竞争对手的市场战略，可以从3个要点进行分析，如图9-4所示。

企业在了解竞争对手的市场战略过程中，除了图9-4所提到的要点之外，还可以针对竞争对手的产品研发能力、管理能力、生产与经营能力等方面进行分析。总的来说，分析要点并不是硬性规定的，而是根据企业需求随时改变的。

数据分析师需要有判别要点的能力，能够把握哪些数据对企业有用，哪些数据暂时对企业没有价值，从而提高数据分析效率。

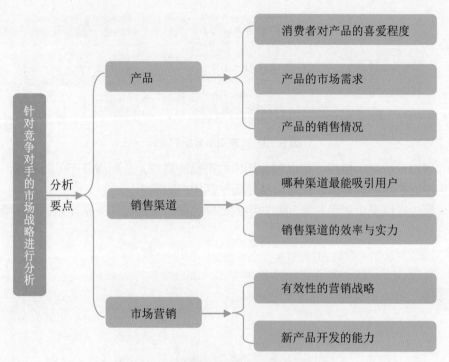

图9-4 针对竞争者的市场战略进行分析

9.1.3 了解对手

对于企业来说，存在竞争对手是不可避免的，就算像阿里巴巴这样的"巨头企业"，也有"京东""当当"等其他的"巨头企业"与之竞争。

在互联网迅速发展的今天，各行各业都有不少中小型企业脱颖而出，在市场上占有一席之地，因此，企业千万不要对竞争对手不屑一顾。

企业最应该做的事情，就是了解自己的竞争对手，掌握竞争对手"出招"的方式，才能"知己知彼，百战不殆"。从应对市场变动反应来看，竞争对手可以分为3大类，如图9-5所示。

从大体上划分竞争对手，可分为3种类型，如图9-6所示。

对竞争对手进行类型划分很有必要，可以区分企业的竞争对手未来的发展方向，可以帮助企业提前预防竞争对手，做好企业战略策划。面对市场地位非常高的竞争对手，企业要学习其成功的经验。

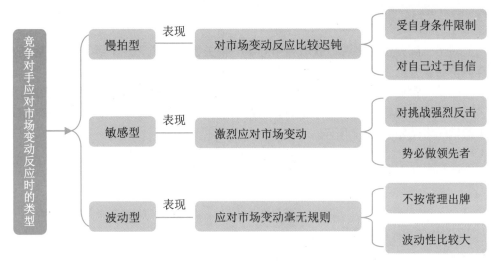

图9-5　竞争对手应对市场变动反应时的类型

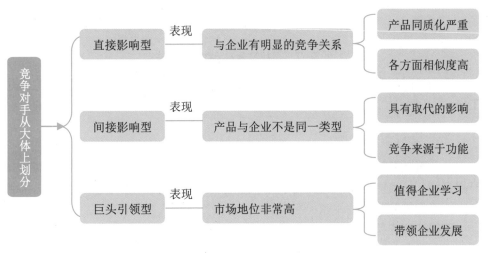

图9-6　大体上划分竞争对手类型

专家提醒

　　企业千万不要只将"巨头企业"作为竞争对手，一定要根据自己的分析目的寻找实力相当，却又比自己做得好的几家企业进行分析，这样效果才比较明显。

9.2　寻找数据

对于一部分企业来说，获取竞争对手的相关数据感觉无从下手，然后就会放弃竞争对手分析工作，其实这是非常不明智的。

因此，企业千万不要放弃对竞争对手进行分析，一定要坚持不懈，就算超越了对手，成为强者，也不可停止对竞争对手的关注。具体来说，寻找企业竞争对手数据的方法如图 9-7 所示。

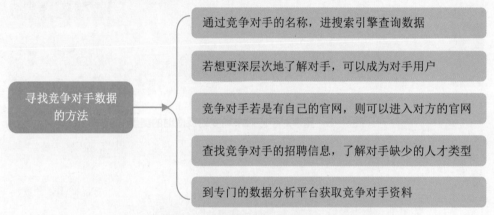

图 9-7　寻找竞争对手数据的方法

下面就以互联网为例，进一步了解从互联网中如何进行竞争对手数据的挖掘工作。

9.2.1　查看对手名称

企业可以借助搜索引擎的力量，直接在搜索引擎上搜索竞争对手的公司名称、产品名称，从检索内容中寻找竞争对手最近发生的事件、用户最关注竞争对手哪些方面等相关数据。

值得注意的是，企业千万不要只盯着竞争对手公司名称进行搜索，还应多检索几个关键词，这样就能收集到多方面的数据。

例如，若企业的竞争对手为"华为"，就可以在百度新闻栏搜索引擎上，输入"华为"，如图 9-8 所示。

在图 9-8 中检索出来的内容，通过各自的标题大概可以看出：

● 从"5G 启领未来，构建万物互联的智能世界"，可以看到这是一个关于"5G 启领未来"华为轮值董事长的演讲的新闻报道，说明未来华为的目标是打造"智能、安全"的 5G 网络，构建一个万物互联的智能世界。就这些信息来看，说明此条检索内容可以进行深一步的挖掘。

图 9-8　在百度新闻搜索栏中输入对手名称

- 从"版权查盗难！华为云 EI 图像搜索服务来帮忙"，可以看出华为推出了"图像搜索服务"，加强版权防盗查询，说明华为提供客户需求的产品，以此来提高客户满意度；并且可以感觉到能从此篇检索信息中得到华为不断地创新科技智能服务，说明此篇文章可以点击深挖。

- 从"'手游界奥斯卡'颁奖！华为 Mate20X 成 IMGA2018 制定手游评测设备"，可以看出华为正在进军手游界，手游测评设备对手机的配置要求是非常高的，可以去百度搜索引擎中搜索"Mate20X"，查看此手机的配置，进一步获取消费者对手游设备的需求，以及同类产品中可学习的优点与不足等。

专家提醒

　　企业若感觉通过搜索引擎检索出来的信息有用，就不要吝啬自己的手指，轻轻点击，说不定就有大收获，所以当找不到竞争对手的相关数据时，千万不要气馁，坚持一定能有好的回报。

9.2.2　成为对手用户

若条件允许，企业还可以成为竞争对手的用户，以用户的角度，去体验竞争对手热卖的产品，并写一份体验心得，将产品的优缺点全部列举出来，与自身产品的优缺点进行对比，将优点整合在一起，并针对缺点做出调整计划，对今后新产品研发有很大的帮助。

还可以进入竞争对手的微博、QQ 群、微信公众号、今日头条等能与用户交流的平台，与用户交流，或者直接与竞争对手交流，了解竞争对手的动态，从而获取一定的数据。

例如，企业可以进入微博搜索关于"华为"的话题或者文章，查看大家所发布的关于华为品牌的问题，如图 9-9 所示。

图 9-9　在微博中输入对手名称

从图 9-10 中可以看到有许多关于华为的话题，热度都还比较高，其中有一个名为"华为 mate20"的话题，阅读数超过 1 亿，这就是用户对华为产品的关注度以及对该产品的讨论，用户会把对产品使用后的体验发到话题里和大家一起讨论，企业可以从中发现在用户使用过程中，华为产品所遇到的问题，以及华为对应的解决方法等方面的数据，企业可以从中找到很多有价值的内容，如图 9-10 所示。

图9-10 微博话题中的内容

9.2.3 进入对手官网

如果竞争对手拥有自己的官网，就多去浏览其官网中的板块，一般从官网中能快速获取以下6点数据：

- 竞争对手最近的动态。
- 竞争对手产品的详细信息。
- 竞争对手的发展趋势。
- 竞争对手在未来的战略。
- 竞争对手与用户对接的手段。
- 竞争对手的热点技术。

例如，进入"华为"官网，就能快速得知华为最近的新闻动态，如图9-11所示。

近期新闻

查看全部 >

新闻 | 2018年11月22日
华为意图驱动的智简网络解决方案荣获"GNTC创新奖"

新闻 | 2018年11月22日
华为发布SuperBAND解决方案，使能LTE多频无损的极致频谱效率

新闻 | 2018年11月20日
5G启领未来，构建万物互联的智能世界

新闻 | 2018年11月22日
华为发布Open Site解决方案理念

更多 →

新闻 | 2018年11月21日
华为邓泰华：SingleRAN Pro激发5G时代新商业、新网络能力和新产业方向

图9-11　华为官网中的新闻动态

有时企业能在竞争对手的新闻动态中，发现竞争对手未来的发展战略，以及如今竞争对手的发展趋势。除此之外，还可以在官网中查询竞争对手的最新产品动态，如图9-12所示。

图9-12　华为官网中的产品动态

有时企业能在竞争对手的产品动态中，发现竞争对手产品的发展方向，以及竞争对手的科技力量程度。从图9-12我们可以知道，华为近期推出的产品是Mate20，企业可以看下相关产品的参数，以及消费者的购买情况，从而分析消费者对产品的需求。

9.2.4　查找招聘信息

　　企业还可以进入各大招聘网站，查询竞争对手发布的招聘信息，从招聘岗位中可以分析出竞争对手所需的人才，以及最近的业务重点和面临的问题。例如，在前程无忧上寻找与"华为"相关的招聘信息，如图 9-13 所示。

职位名	公司名	工作地点	薪资	发布时间
结构工程师	华为技术有限公司	西安-高新技术...	1.5-3万/月	11-23
指纹器件工程师	华为技术有限公司	上海-浦东新区	1.5-2万/月	11-23
计划专员（实习生）	华为技术有限公司	深圳-龙岗区	6-8千/月	11-23
国际区域运营专员（实习生）	华为技术有限公司	深圳-龙岗区	6-8千/月	11-23
智能计算运维面设计师	华为技术有限公司	异地招聘	3-4万/月	11-23
智能计算运维面设计师	华为技术有限公司	上海-浦东新区	3-4万/月	11-23
存储研发工程师（杭州/成都/西安）	华为技术有限公司	异地招聘	1.5-3.5万/月	11-23
存储研发工程师（杭州/成都/西安）	华为技术有限公司	异地招聘	1.5-3.5万/月	11-23
存储研发工程师（杭州/成都/西安）	华为技术有限公司	杭州	1.5-3.5万/月	11-23
AI算法工程师（杭州/深圳）	华为技术有限公司	异地招聘	1.5-3.5万/月	11-23
AI算法工程师（杭州/深圳）	华为技术有限公司	异地招聘	1.5-3.5万/月	11-23
AI算法工程师（杭州/深圳）	华为技术有限公司	深圳	1.5-3.5万/月	11-23

图 9-13　前程无忧中的招聘信息

　　通过图 9-14 可以看出华为公司对技术人才、管理人才以及外贸人才的渴望。这也不难理解，华为毕竟是以技术为主的企业，对技术人才的需求应该是最多的，而管理人才也是每家公司都需要争取的，但从对外贸人才的需求来看，反映出了华为现有占领国外市场的"雄心壮志"。

9.2.5　运用分析平台

　　企业还能在专门的数据平台中，查找与自己行业及竞争对手相关的数据，从中找到比较适合进行分析的内容。在互联网中有很多这样的数据平台，可为企业提供竞争对手的数据，如表 9-1 所示。

表 9-1　数据分析平台

数据分析平台	作　　用
Alexa 网站	专门查询网站数据的网站
艾瑞网	提供数据资讯，是第三方数据服务提供方
CNZZ 数据专家	为企业提供站长统计、全景统计、手机客户端、云推荐、广告效果分析和数据中心等分析功能
Talkingdata	帮助企业收集、处理、分析第一方数据，具有透析全面运营指标、掌握用户行为、改善产品设计等功能

续表

数据分析平台	作　用
易观智库	打造以海量数字用户数据及专业的大数据算法模型为核心的数据生态体系

例如，企业可以在数据分析平台找到关于竞争对手的相关数据资讯，如图 9-14 所示。

图 9-14　数据分析平台竞争对手的新闻资讯

从图 9-14 中可以看到第三方数据分析平台有关华为的新闻资讯报道，其中最新发布的是"三季度中国手机市场销量持续下滑 华为、荣耀逆势增长 14%"这个新闻资讯，通过这个标题我们可以得到的信息有：在手机市场销量不是很乐观的情况下，华为的销量却在不断地增长，说明在未来华为将会成为手机行业最受欢迎的品牌之一。

数据分析师需要从数据分析平台获取相关数据，帮助企业分析竞争对手的相关动态，发现竞争对手的发展趋势以及发展战略。

9.3　胜券在握

只要将竞争对手各方面对企业有帮助的数据整合起来，加以分析，并将分析结果合理地运用起来，必然能有胜券在握的信心。下面就来了解关于竞争对手分析的两种方法。

9.3.1　比较分析

企业可以通过比较分析来找出自身与竞争对手之间的差异，在 Excel 中的比较分析操作就不讲解了，可以参见本书第 4 章的内容。

除了可以在 Excel 中进行比较分析之外，还可以运用表格的方式，将自身各方面的优缺点与竞争对手的优缺点进行对比，清晰明了地了解自身在哪些地方做得比较出色，哪些地方需要改进。

在运用比较分析表格时，不要只针对一家竞争对手进行分析，需要与多家进行对比，效果才比较明显。下面就以分析竞争对手网站是如何运营的为例，拟出一个比较分析表格模板，如表 9-2 所示。

表 9-2　比较分析表格模板

比较事项		1 竞争对手官网	2 竞争对手官网	自己的网站
当天同一时间网站签到人数				
网站板块的排布	首页布局			
	栏目布局			
	内容页的设计			
	内部链接结构			
关键词的散布状况				
网站内容分析	内容的质量			
	主要内容			
	内容的更新频率			
	内容受欢迎程度			
网站的百度权重				
网站外链	网站的外链数量			
	外链的主要来源			
	外链的相关度是否高			
	外链是否普遍存在			
网站的 Alexa 排名				

专家提醒

　　表9-2 所示的比较分析模板不是一成不变的，它需要数据分析师面对具体问题进行具体分析，千万不要依葫芦画瓢，进行毫无意义的分析，要分析对企业有帮助的信息。

9.3.2　波特分析

在竞争对手分析方法中，波特分析是最常见的一种，有利于数据分析师从两个方面分析行业竞争结构和竞争状况：

- 进行定性分析。
- 进行定量分析。

波特分析，又称竞争结构分析，它是由迈克尔·波特于1980—1989年这一阶段提出的，指的是在五种力量分析的基础上，定制的一种行业竞争分析模型。波特分析的5种力量分析具体如下：

- 替代品的威胁。
- 新竞争者的崛起。
- 现有竞争的新战略。
- 消费者议价的能力。
- 供应方议价的能力。

除了这几种力量分析，波特分析的作用还包括以下3点，具体如图9-15所示。

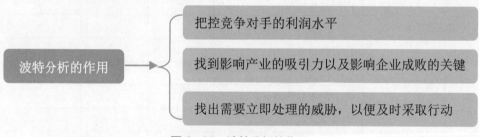

图9-15　波特分析的作用

下面就运用波特分析进行传统相机行业的竞争力分析。

1. 替代品的威胁

如今是数码时代，也是"小屏"时代，智能手机就是带动"小屏"时代发展的"长老"，备受消费者的喜爱，也因此一部分相机产品被具有高清摄像头的手机所取代。从性价比来讲，手机功能多、携带方便、手感好等实用特点，必然超过单一相机的实用性；从用户群体来讲，有专业者摄影需求的人群比例大大低于普通自拍者，因此手机替代相机的可能性非常大。

2. 新竞争者的崛起

时代在发展，技术也很容易被复制，不少有创业梦想的人才纷纷崛起，势必想在相机行业中分一杯羹。

3. 现有竞争的新战略

随着用户需求的扩大、技术的发展，不少企业开创了新的摄影方式、摄影工具，新的传播与营销方式，给传统相机企业带来很大的冲击。

4. 消费者议价的能力

随着网络的发展，价格透明度的提高，以及竞争对手比较吸引消费者的价格促销力度，大大地加大了消费者议价的能力。

5. 供应方议价的能力

随着竞争对手的增多，供应方的供应量也大大提高，从而助推了供应方议价的想法。

通过以上5种力量的分析，可以发现传统相机行业的供应商与消费者议价能力强，从而企业利润率会受到一定的影响；新竞争者与替代品威胁比较高，需要做出新的产品开发战略计划；传统相机企业与现有竞争者竞争激烈，需要针对竞争者的价格促销做出新的应对方针，想方设法吸引消费者的注意力。

专家提醒

除了大体地利用波特分析对行业进行整体竞争分析外，还可以与具体竞争对手进行对比分析，通过以10分为满分的打分制度，进行有效分析。

第 10 章

变现：利用数据实现营销目的

在数据化的时代，人们无时无刻不在接触数据，数据既是由人创造的，通过数据分析又反过来为人们服务。例如，企业利用数据可以为自身的发展提供技术服务，平台管理者可以利用数据来实现更好的运营，新闻媒体者可以利用数据了解最近发生的实时热点等。各行各业的人都可以接触数据，并且通过数据分析可以获得他们所需要的资料信息。

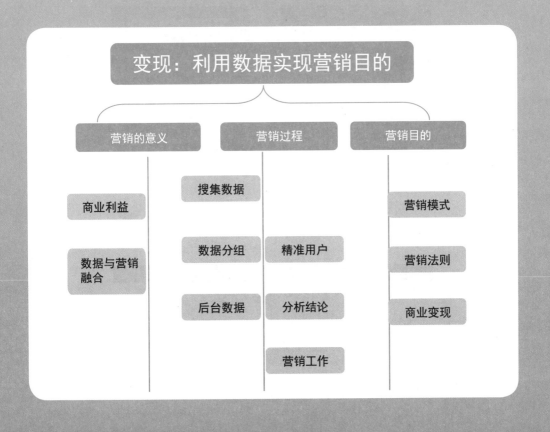

10.1　营销的意义

在大数据的时代，人们已经习惯了用数据来说话，企业谈合作、数据分析师写报告的时候，虽然文字方面的叙述是必不可少的，但主要靠的还是数据，数据分析师对数据越精通，那么对于企业的受众了解就越多。

通过数据分析，可以了解企业的目标客户群体浏览过什么网站、做过什么事、喜欢购买什么等。企业通过数据分析能够随时调整推广投放的方式，避免没有目的地进行网络营销。

10.1.1　带来商业利益

数据分析能给企业带来什么利益呢？例如给企业带来更多的商业利润，抑或给用户提供更便捷的体验等。作为一个商家，那么肯定是想有更多的人来店铺购买产品，提升店铺的业绩，带来高额利润；作为一个平台运营，那么想要的就是有更多的人浏览文章，提高关注人数，增加平台的影响力和热度。

正是因为有了数据分析，才让营销之路变得轻松许多，它可以找到用户的浏览轨迹，从而根据用户经常浏览的页面推荐相关的产品。例如淘宝首页推荐，会根据消费者之前的浏览习惯，推荐经常浏览的商品类型，如图 10-1 所示。

图 10-1　淘宝购物车

从图 10-1 中我们可以得知，用户的购物车里面有非常多的零食商品，从而可以知道该用户经常浏览零食类的商品，那么等用户再次进入淘宝后，首页上出

现的就是零食商品的推荐，搜索框下面出现的热搜词也全部与零食有关。

从图 10-1 所示淘宝首页点击进入"推荐的窗口"，可以看到里面都是关于零食商品的推荐，如图 10-2 所示。

图 10-2　淘宝"火拼周综合会场"页面

从图 10-2 中可以看出，在知道用户近期对零食类商品比较感兴趣后，淘宝会自动推荐已加购的品牌近期的折扣商品，让用户第一时间知道该商品在打折，增加消费者的购买欲望。

10.1.2　将数据与营销融合

网络营销与数据分析是紧密相连的，将数据分析的结论与营销完美地结合在一起可以发挥巨大的效用。下面介绍如何进行营销数据分析，如图 10-3 所示。

图 10-3　网络营销如何进行数据分析

通过分析网络营销过程中产生的数据，又作用于营销决策。在进行数据分析的时候，数据分析师需要掌握以下几个技巧，如图 10-4 所示。

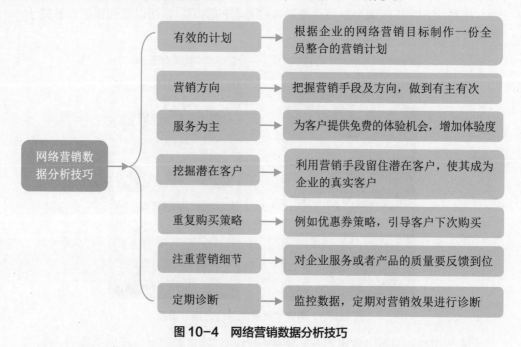

图 10-4　网络营销数据分析技巧

专家提醒

　　数据分析师在进行网络营销数据分析时，要清楚企业的营销目标，结合目标进行网络营销分析，这样得出的结论的实用价值比较大。

10.2　营销过程

　　网络营销是为企业实现总体经营目标所进行的，是基于互联网平台的一种营销活动。通过数据分析得出来的结论要落到实处去，就需要进行网络营销的步骤了。下面来简单了解营销数据分析的过程。

- 明确企业的任务及目标。
- 搜集数据。
- 将搜集好的数据进行分组。
- 统计企业后台数据。
- 找出企业的精准用户。
- 制作数据分析报告。

● 展开网络营销工作。

下面就以微信平台为例，简单介绍微信公众号如何展开数据营销。

10.2.1 多方搜集数据

如何搜集数据是许多微信运营从业者需要思考的一个问题，对于运营者来说，数据的来源无非就是微信公众号后台的一系列数据，但是仅仅局限于后台的数据是不可取的，只靠自己的数据而不去了解行业数据，得出的数据结论也会比较片面。

因此，微信公众号运营者必须知道，除了后台数据渠道，还有其他获取数据的方式，下面为大家介绍几种数据来源方式：

● 微信公众号后台。

● 新榜平台。

● 今日头条。

微信公众号平台的管理操作是所有微信运营者都必须熟悉的，在微信功能板块的统计栏目下有6大分析项目，包括用户分析、图文分析、菜单分析、接口分析和网页分析。在这些项目中，每个指标下面都会有趋势图，这样方便运营者直观地看到数据变化趋势。

图10-5所示为图文阅读来源趋势图。

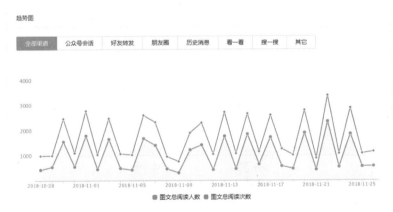

图10-5 图文阅读来源趋势图

除了查看趋势图之外，运营者还可以获得原始数据，根据自己的需要下载这些数据，导出到Excel表格。

新榜平台作为一个为微信公众号内容进行价值评估的第三方机构平台，运营者需要了解此平台的一些功能。通过新榜平台，运营者可以查到某微信公众号的排名情况，还可以查询统计周期内的其他数据，包括发布数据、总阅读数据、头条阅读数、平均阅读数据、最高阅读数据、总点赞数据、新榜指数等。

下面就以新榜美食微信影响力排行榜为例进行分析，如图 10-6 所示。

2018/11/12-11/18

	公众号	发布	总阅读数			总点赞数	新榜指数
			头条	平均	最高		
1	BTV暖暖的味道 btvjiadeweidao	7/35	119万+ 68万+	34,005	10万+	6,523	899.0
2	什么值得吃 smzdc2015	4/4	34万+ 34万+	86,392	91,128	2,641	841.0
3	养身厨房 btv-yscf	7/19	28万+ 17万+	14,799	41,352	2,952	810.2
4	美食天下 foooodies	7/37	27万+ 11万+	7,566	27,364	1,037	796.9
5	职业餐饮网 zycy168	7/53	27万+ 14万+	5,108	32,667	1,090	793.6
6	美食工坊 MeishiGongFang	7/15	21万+ 16万+	14,477	31,670	1,289	793.1

图 10-6 新榜美食微信影响力排行榜

从图 10-6 中可以看到，从 2018 年 11 月 12 日—2018 年 11 月 18 日期间所统计的排名数据，美食类微信影响力排行榜排名第一的是"BTV 暖暖的味道"，一共发布了 15 篇文章，总阅读数是 119 万 +，总点赞数是 6523，新榜指数 899，由此可见该公众号在美食类微信排名第一，是比较具有影响力的。

今日头条是由张一鸣于 2012 年 8 月推出的一款个性化的推荐引擎软件，累积激活用户数已超过 7 亿人，月活跃用户数达到 2.63 亿人，由此可见今日头条的用户量非常庞大。微信运营者可以在这样的平台发布文章，然后在后台查看数据，如图 10-7 所示为某账号的后台页面。

图 10-7 某账号的后台页面

10.2.2　统计后台数据

在进行数据分析时，需要对后台的数据进行统计整理。比如，通过对人口性别统计可以得到男性与女性的人数分别是多少；对微信平台文章阅读来源统计，可以知道具体是通过哪些渠道阅读的这篇文章。

统计数分为统计表格与统计图两类，数据统计是给企业制定决策方案做前期的准备。接下来，我们就以微信公众平台为例，统计微信公众平台单篇图文数据，如图 10-8 所示。

图 10-8　微信后台单篇图文统计

从图 10-8 来看，单篇文章的阅读总人数是 1305 人，阅读总次数是 1438 次，那么从左边的图表能得知，阅读来源有公众号会话、好友转发、朋友圈和历史消息等。

除了从微信后台统计数据，新榜平台也可以统计公众号的发文数以及阅读数等数据，如图 10-9 所示。

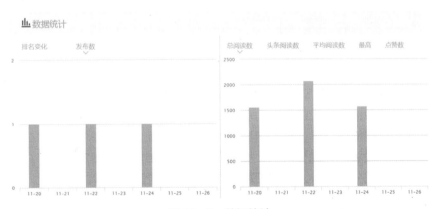

图 10-9　数据统计

从图 10-9 可以看到，该公众号近期的发文总数，从 2018 年 11 月 20 日到 2018 年 11 月 26 日期间一共发文 3 篇，可以得出发文的规律是每隔 2 天发一次文章。

专家提醒

　　运营者在进行数据统计时，要注意统计的内容范围，还需选择简单有效的统计方法，这样统计出来的数据对后期的网络营销数据分析才会有帮助。

10.2.3　进行数据分组

通过调查得到的数据多而且杂乱，不能直接进入数据分析的阶段，要根据统计的需要，将这些庞大的数据按照标准划分成不同的类别，然后进行数据分组，数据要遵循不重复、不遗漏的原则分组。

在微信公众号后台的统计栏目中，可以把数据导出到 Excel，再进行数据分组，如图 10-10 所示。

	A	B	C	D	E	F
1			菜单分析（2018-10-29至2018-11-27）			
2/3	版本	一级菜单	二级菜单	菜单点击次数	菜单点击人数	人均点击次数
4	2018082701	摄影工具	电子书	611	557	1.1
5	2018082701	摄影工具	实体书	260	221	1.18
6	2018082701	摄影工具	小伙伴	178	163	1.09
7	2018082701	投稿点评	照片点评	809	592	1.37
8	2018082701	投稿点评	投稿影展	439	339	1.29
9	2018082701	微课教程	京东直播	142	121	1.17
10	2018082701	微课教程	千聊微课	204	175	1.17
11	2018082701	微课教程	构图大全	1199	836	1.43

图 10-10　数据分组整理

通过图 10-10 可以看到，从菜单分析功能导出的数据，可以看到关于一级菜单和二级菜单的点击人数与点击次数。

从图中获得的信息是，在摄影工具的栏目下，细分了电子书、实体书和小伙伴二级菜单；投稿点评的栏目下，细分了照片点评和投稿影展二级菜单；微课教程的栏目下，细分了京东直播、千聊微课和构图大全二级菜单。

如果想看各级菜单的总点击人数，可以将一级菜单栏目下的所有二级菜单的点击次数求和，得到总点击人数，如图 10-11 所示。

菜单点击次数分析（2018-10-29至2018-11-27）		
菜单栏目	总点击人数	总点击次数
摄影工具	1049	941
投稿点评	1248	931
微课教程	1545	1132

图 10-11　汇总菜单点击次数

10.2.4　分析精准用户

对数据进行分组整理后，企业可以通过数据分析来寻找公司的精准用户，即根据用户的行为结合公司的经营方向来定位精准用户。企业的网络营销离不开用户，了解用户的喜好习惯，是很有必要的。

例如，对于北方人来说保暖的羽绒服是他们非常需要的产品，对于南方沿海城市比如广东省、海南省这些冬天不是特别寒冷的地区，可能对羽绒服的需求就没有那么高，所以网店商家可以通过买家地域分布数据来划分客户群体，做相应的优惠活动。

● 　针对北方或者有羽绒服需求地方的客户，做羽绒服产品优惠活动。

● 　针对对羽绒服需求不高的用户可以做初冬服装优惠活动，例如毛呢大衣。

商家在活动开始时可以发短信通知该类客户，如图 10-12 所示。

图 10-12　活动通知

从图 10-12 可以看到，商家通过短信通知的形式，告知客户通过复制淘口令可以进店领取满 200 送 200 元的优惠券，以激发消费者的购买欲望，促进消费者的购买决策。

对于微信平台，分析精准用户可以先了解用户的行为，然后制作用户画像，任何品牌都有自己的用户群体。图 10-13 所示为某账号运营者对潮流型客户做的用户画像。

潮流体验型用户：

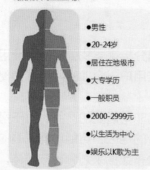

他是**文艺范**，**明星**崇拜，喜欢非主流的亚文化，喜欢**唱歌**，喜欢**摄影**。

热衷用相机记录生活中的点点滴滴。每个人会看到不同的世界，而通过镜头，让摄影成为了最直观生动了解和分享世界的方式。同时，他还喜欢在移动互联的世界中展现自己的唱功，以歌会友。

图 10-13　用户画像

这些用户属性并不是运营者胡编乱造的，都是有依据可言的，是通过后台的数据整理出来的结果，它总结了用户的基本属性、购买能力、行为特征、社交网络、心理特征和兴趣爱好等 6 大因素。通过用户画像，运营者可以更好地掌握自己的用户群体，分析自己的精准用户。

10.2.5　得出分析结论

分析完数据之后，就要得出结论了，将得出的结论制作成分析报告。分析报告可以做得简洁一点，便于理解。数据分析的结论通常是用来解释出现这样数据的原因，运营者通常要纵观全局，才能发掘出最深层次的原因。

例如，某企业是全国连锁店，其用户遍布全国，针对各省消费情况做了一次数据调查，发现某个省的消费指数特别高，比其他省的消费数据高出很多。这个时候，运营者就需要挖掘其中的原因，分析为什么会出现这样的情况。原来是该省的营销工作做得比较到位，宣传推广工作做得很好，所以就使该省的业绩比其他省连锁店的业绩都要高。

因此可以得出结论，有些小小的营销手段，看似不起眼，但若对消费者的胃口，往往会带来意想不到的结果，因此企业可以将该省的营销推广手段借鉴给其他连锁店，以此来共同推进企业前进的脚步，共创佳绩。

10.2.6 开展营销工作

在营销工作中，有个指导方案是很重要的，就像一艘大船在航行中有罗盘指引一样。开展营销工作可以分为 7 个步骤，具体如图 10-14 所示。

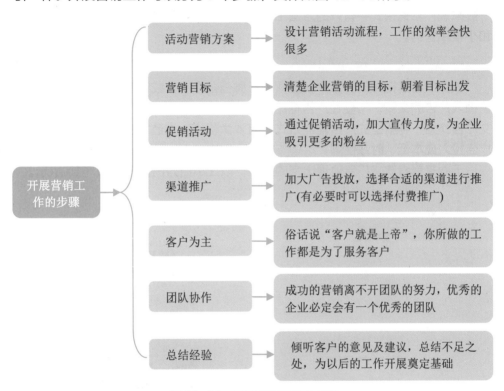

开展营销工作的步骤

- 活动营销方案 → 设计营销活动流程，工作的效率会快很多
- 营销目标 → 清楚企业营销的目标，朝着目标出发
- 促销活动 → 通过促销活动，加大宣传力度，为企业吸引更多的粉丝
- 渠道推广 → 加大广告投放，选择合适的渠道进行推广(有必要时可以选择付费推广)
- 客户为主 → 俗话说"客户就是上帝"，你所做的工作都是为了服务客户
- 团队协作 → 成功的营销离不开团队的努力，优秀的企业必定会有一个优秀的团队
- 总结经验 → 倾听客户的意见及建议，总结不足之处，为以后的工作开展奠定基础

图 10-14 开展营销工作的步骤

专家提醒

在开展营销工作时，企业内部需要团结互助、紧密相连，建立项目管理机制。一个成功的企业必定会有优秀的团队作为支撑。

10.3 营销目的

不管是什么行业，只要企业开展营销工作，都会有一个营销目的，在活动中所需要达到的目标，是营销计划的核心组成部分。在建立营销目标之前，需要了解营销模式，掌握营销法则，以求获得利润。

10.3.1 了解营销模式

营销模式是指如何把一个好的营销策划方案执行到位，从而获得最大的营销效果，为企业争取最大的盈利。营销模式是一种体系，而不是一种手段或者方式。一般来说，营销模式中有效的方法主要有 4 种：软文广告、流量广告、电商盈利和小程序营销。

1. 软文广告

软文广告是指微信公众平台运营者在微信公众平台或者其他平台上，推送软性植入广告的文章，与硬性广告相比，软文广告不死板，看起来不会太尴尬。软文广告作为一种新型的广告营销方式。有 4 大优点：渗透力强、商业性不明显、广告投入成本低、时效性强。

下面来看看软文广告体现出来的效果，以江小白为例，如图 10-15 所示。

图 10-15　软文广告

2. 流量广告

在微信后台，有一个"流量主"功能，流量主功能是腾讯为微信公众号量身定做的一个展示推广服务。运营者可以将公众号内指定的位置给广告主做广告展示，可按月获得收入。具体的展示形式有图文、图片、卡片、视频、关注卡片、下载卡片等，示例如图 10-16 所示。

图 10-16　流量广告

3. 电商盈利

随着微信用户的增加，微信的价值越来越高，也带动了微信公众平台的电商营销市场。企业的营销工作也慢慢转到微信公众平台上，因为微信平台的宣传降低了电商宣传的成本，在微信公众平台上面，电商可以采用全新的沟通方式，如图 10-17 所示。

图 10-17　森马微信公众平台的微信商城入口

4. 小程序营销

微信小程序是 2017 年 1 月 9 日正式上线的，它是一种不需要下载软件即可直接使用的应用，对广大用户来讲非常方便，用户扫一扫或者搜一搜即可打开应用。公众平台也有很多运营者在使用小程序进行营销，具体如图 10-18 所示。

图 10-18 微信公众平台关联小程序

10.3.2 掌握营销法则

生活处处都有销售，现在是一个以销售为赢的时代，销售的概念已经不像以前一样只局限于线下实体的市场行为，而是成为一种生活方式，比如出门买菜、上网购物、网上听课等。

成功的营销是让客户跟着企业的步伐走，成为企业的忠实粉丝。当然成功的营销人员应当掌握营销法则，下面为大家介绍 8 大营销法则，如图 10-19 所示。

图 10-19 营销法则

专家提醒

万事万物都遵循着法则，如世界上存在着自然法则，那么营销当中也会存在营销法则。运营者掌握这 8 大营销利器之后，便可打造成功的营销之路。

10.3.3　实现商业变现

营销的最终目的就是获取盈利，实现商业变现，可以分为以下几种途径：

● 图书出版。

● 冠名赞助。

● 线下活动。

● APP 开发。

● 引流网店。

● 教学培训。

以图书出版为例，当企业的公众平台积累到一定的人气以及影响力之后，可以选择做实体书出版，比如"吾皇万睡"，就是一个凭借深厚的影响力，实现实体出版的平台，如图 10-20 和图 10-21 所示。

图 10-20　"吾皇万睡"公众平台

在平台积攒了越来越多的人气之后，运营者就开始通过整理以前的漫画内容，然后出版了首部作品《就喜欢你看不惯我又干不掉我的样子》，图书一上市就销售一空，并且不断重印，到目前为止，这部作品已经出版到了第三部，可见其销售的火热程度以及受大众的喜爱度都是比较高的。

图 10-21　《就喜欢你看不惯我又干不掉我的样子》漫画作品

专家提醒

　　不管是对于数据分析师还是运营者来说，分析数据都是为了找出目前存在的问题，找到解决的方法，最终为企业实现赢利的目的。